MANUEL

DE

LA CHARRUE

PAR

A. M. CASANOVA

Professeur d'Agriculture à l'École impériale de la Saulsaie;
Membre de la Société impériale d'Agriculture,
Sciences et arts utiles de Lyon;
Membre correspondant de la Société des arts de Genève;
Membre correspondant de la Société d'émulation
du département de l'Ain.

EXTRAIT DU JOURNAL D'AGRICULTURE PRATIQUE

PARIS

LIBRAIRIE AGRICOLE DE LA MAISON RUSTIQUE

26, RUE JACOB, 26

1861

MANUEL

DE

LA CHARRUE

IMPRIMERIE DE CH. LAHURE ET Cie, RUE DE FLEURUS, 9.

INTRODUCTION

Le *Manuel de la Charrue* fait partie du cours d'agriculture que je professe depuis cinq ans à l'Ecole impériale de la Saulsaie. Quelques personnes, trop bienveillantes sans doute pour une œuvre plus importante par son but que par son mérite réel, m'ont fortement engagé à le livrer à la publicité. J'ai répondu d'autant plus volontiers à ces bienveillantes sollicitations, qu'un travail semblable, manquant entièrement à notre bibliographie agricole, je pouvais, sans avoir la prétention de combler complétement cette lacune, aspirer au mérite plus modeste de poser quelques jalons sur la voie des études rationnelles où l'agriculture pratique peut accomplir de si grands progrès.

1

Il n'est peut-être pas d'art, quelque faible que soit son importance, qui ne possède son Manuel, qui ne décrive ses méthodes pour en faciliter l'étude, qui ne fasse des efforts constants pour démontrer ce que ces dernières ont de rationnel ou de défectueux et y apporter chaque jour de nouveaux perfectionnements. L'agriculture pratique seule, malgré la multiplicité de ses travaux et les circonstances très-nombreuses qui viennent modifier chaque jour la manière de les exécuter, reste étrangère à ce mouvement, de nature cependant à prendre une bien large part dans le progrès général de l'agriculture. C'est peut-être à cette absence de l'étude rationnelle de l'art qu'il faut attribuer la difficulté avec laquelle on parvient à introduire dans nos campagnes les instruments nouveaux les plus simples. L'ouvrier, en effet, ne connaît que les outils dont il s'est servi toute sa vie, et le propriétaire, inhabile, la plupart du temps, au maniement des instruments, peu habitué d'ailleurs à se rendre compte de la manière dont ils fonctionnent, est impuissant à donner des conseils aussitôt qu'un obstacle quelconque en arrête la marche. Qui oserait compter le nombre de millions que notre agriculture perd, chaque année, faute d'une perfection suffisante apportée dans les travaux et particulièrement dans ceux qui ont pour but la préparation du sol? On remarquera bien qu'il n'est pas question ici des travaux extraordinaires, ni même de labours plus profonds et plus nombreux qu'on ne le fait ordinairement : j'accepte ces travaux tels qu'ils sont, et je dis que l'agriculture pourrait faire des bénéfices considérables en les exécutant avec plus de soins et de méthode. Je ne connais rien de plus affligeant qu'un champ bigarré, présentant sur quelques points une végétation magnifique, et sur d'autres des récoltes chétives et misérables qui accusent la négligence du cultivateur en même temps qu'elles font sa ruine. Si l'on cherchait les raisons qui ont amené ces inégalités choquantes, on les trouverait, pour la plupart, dans l'imperfection des labours, la mauvaise répartition des fumiers et les semailles mal faites. Je veux bien admettre que l'application des théories agricoles n'est pas sans dangers, quoique la faute en revienne aux théoriciens plus souvent qu'aux théories; mais l'amélioration de la pratique, les soins apportés à l'exécution des travaux, ne présentent pas d'échecs possibles; dans cette voie tout est élément de succès, j'allais dire certitude de succès, pour le cultivateur.

L'agriculture est à la fois une science et un art. La science étudie les faits, les classe, les vérifie les uns par les autres et en déduit chaque jour de nouvelles lois de plus en en plus positives. Que l'art, de son côté, étudie et raisonne ses méthodes ; qu'il les compare et les décrive; qu'il les soumette, enfin, autant que possible, à la rigueur des démonstrations; et de ces efforts communs et bien combinés résultera le véritable progrès de l'agriculture.

Ce que je viens de dire donne peut-être une idée suffisante de ce travail et du but que je me suis proposé en le livrant à la publicité. En même temps théorique et pratique, le *Manuel de la Charrue* n'est pas destiné au modeste laboureur qui ignore toujours les notions les plus simples des sciences élémentaires sur lesquelles j'appuie mes démonstrations. Ce n'est d'ailleurs pas par des lectures que l'instruction professionnelle peut pénétrer parmi les ouvriers agricoles; c'est aux chefs d'exploitation qu'il appartient de donner cet enseignement; c'est à eux aussi que ce Manuel s'adresse. La question ainsi posée, je n'ai pas à me justifier d'avoir fait de la théorie dans un travail dont le but est essentiellement pratique. La science, d'ailleurs, a conquis son droit de cité en agriculture. Elle n'est plus la rivale dédaigneuse de la pratique, mais son collaborateur, son aide, le flambeau qui l'éclaire.

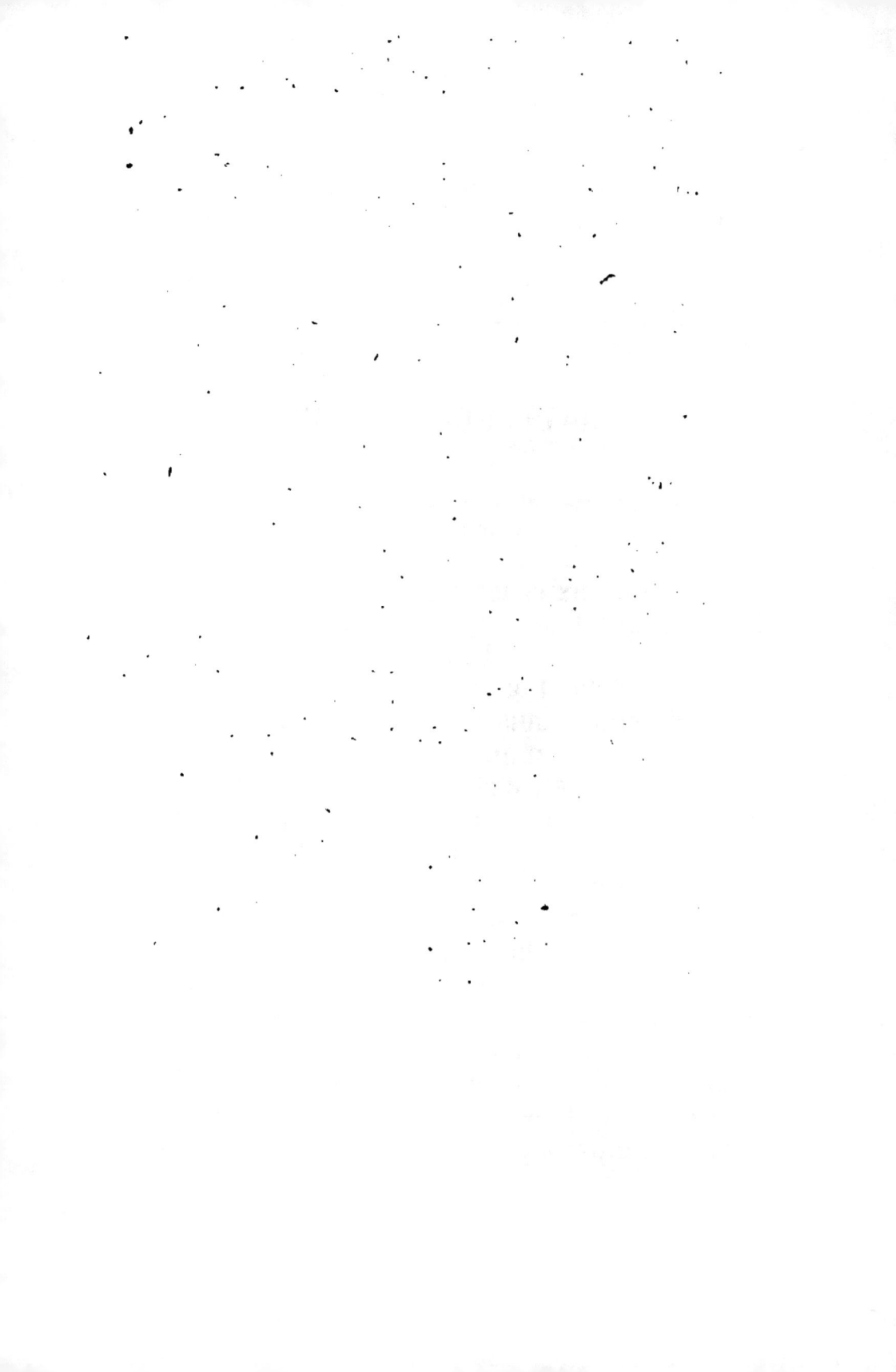

MANUEL

DE LA CHARRUE

CHAPITRE PREMIER

Attelage des animaux pour la conduite de la charrue.

Les chevaux et les bœufs sont les moteurs animés que l'on emploie le plus communément pour le travail de la charrue.

La conformation du cheval ne comporte pas un choix dans son mode d'attelage. Il n'en existe qu'un qui soit possible ou tout au moins rationnel, c'est l'attelage au collier ou à la bricole. Il n'en est pas de même du bœuf dont la conformation est telle, qu'il reste encore à décider quel est le point le plus convenable pour l'application de la force. Dans un chapitre spécial qui trouvera sa place plus tard, nous nous occuperons de la question si controversée du collier et du joug, et nous donnerons tout ce qui est spécial à ce dernier mode d'attelage dans la conduite de la charrue. Actuellement nous nous occuperons des labours en n'admettant qu'un seul mode d'attelage, celui du collier, et nous ne ferons aucune distinction entre les bœufs et les chevaux. C'est aussi dans le même chapitre que nous parlerons de tout ce qui est relatif à la charrue à avant-train, dont le mode de conduite diffère quelque peu de celui de la charrue ordinaire.

Attelage de deux animaux placés de front (fig. 1).

Ordinairement les labours se font avec deux animaux attelés de front sur une même balance et marchant l'un dans la raie et l'autre sur le guéret [1] à gauche du premier.

L'animal de droite ayant un chemin bien tracé à suivre, la raie; étant placé d'ailleurs directement sous les yeux et la main du laboureur, on doit lui réserver la direction de l'attelage et placer sous sa dépendance son compagnon de gauche. On emploie, dans ce but, la *quenouille*, la *longe*, et le *piquant*.

La *quenouille* (fig. 2) n'est autre qu'un morceau de bois, un bâton dans sa plus grande simplicité, ayant une longueur de $0^m.80$. Au moyen de deux ficelles dont ses extrémités sont munies, on l'attache d'un côté, à la partie inférieure du collier de l'animal de droite, et de l'autre à la bride ou à la muserole de l'animal de gauche. Grâce à cette disposition, le cheval du guéret est forcé de suivre tous les mouvements de celui de la raie, et ne peut s'en rapprocher et le gêner dans sa marche qu'en le distançant et en mettant la quenouille dans une direction oblique. On évite ce résultat par l'emploi de

(1) Partie du champ non encore labourée.

la *longe* qui sert à attacher l'animal de gauche aux traits de son compagnon, et cela d'autant plus loin vers le palonnier, que son

Fig. 1. — Attelage à deux chevaux placés de front.

ardeur est plus difficile à maîtriser. On emploie également ce moyen pour ménager les chevaux trop fougueux.

La quenouille et la longe sont suffisantes

1.

pour maintenir constamment à la même distance deux animaux bien dressés ; mais le
piquant (fig.3) seul peut empêcher celui qui
marche sur le guéret de se placer de travers,
de se rapprocher postérieurement du cheval
de la raie, et le faire sortir de la direction
qu'il doit suivre.

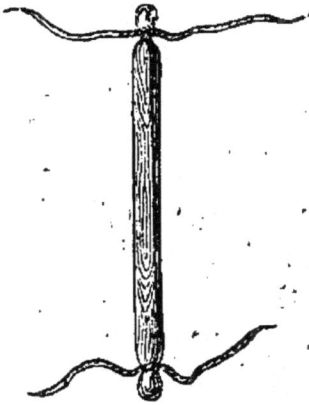

Fig. 2. — Quenouille.　　　Fig. 3. — Piquant.

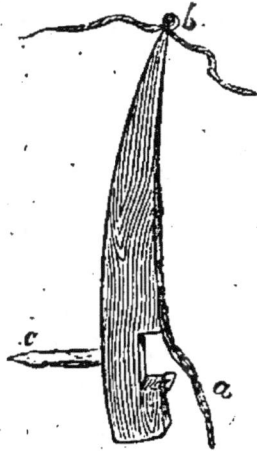

Le nom et le dessin de cet auxiliaire *excep-
tionnel* de l'attelage feront suffisamment
comprendre son mode d'action, et nous dis-
penseront de le décrire longuement. Attaché
sur le côté gauche de l'animal de la raie au
moyen de la ficelle *b* et de la boucle *a*, à
l'endroit où la dossière rencontre le four-
reau du trait, il repousse l'animal du guéret
au moyen de l'aiguillon *c*, toutes les fois qu'il
se rapproche un peu trop de la raie. Il n'est
pas besoin d'ajouter que c'est presque exclu-
sivement pour les bœufs que ce moyen doit
être employé.

Enfin, un procédé dont on se sert toujours

pour mettre l'animal de gauche entièrement sous la dépendance de celui de droite, consiste à donner aux traits du premier une longueur un peu moins grande qu'à ceux du second, comme le représente la figure 88.

Attelage de deux animaux placés l'un devant l'autre
(fig. 4).

D'une manière générale, on peut dire que ce système d'attelage doit être considéré comme vicieux et repoussé. Cependant, dans les terres fortes, que le piétinement des animaux au fond de la raie met en si mauvais état, surtout quand elles sont très-mouillées, il peut être quelquefois avantageux de faire marcher les deux animaux l'un devant l'autre sur le guéret. La même disposition est nécessaire pour les repiquages à la charrue.

Lorsque, par des raisons quelconques, les cultivateurs croient devoir employer ce système d'attelage, ils attachent les traits du cheval de devant aux crochets du collier de celui qui est attelé immédiatement à côté de la charrue. Il résulte de cette disposition deux inconvénients également graves et faciles à comprendre. Et d'abord, le collier du dernier cheval se trouvant constamment dérangé par celui qui est attelé devant lui, son tirage est incertain et ne produit pas tout l'effet utile que l'on serait en droit d'attendre d'une meilleure disposition. En second lieu, les traits des deux animaux n'ayant pas la même direction, et faisant un angle au point où ils se rencontrent, il en résulte qu'une partie de la force du premier cheval se tra-

Fig. 4. — Attelage à deux chevaux placés l'un devant l'autre.

duit par une pression constante sur le collier du second, dont l'effet utile se trouve par cela même considérablement diminué. Il est évident que la meilleure disposition à prendre, pour éviter cet inconvénient, consisterait à attacher au même palonnier les deux animaux; mais, cette longueur par trop grande donnée aux traits du premier cheval étant une cause permanente de gêne, surtout dans les tournées, on les attache sur les traits mêmes du second à 60 ou 80 centimètres du collier. Deux petites courroies tiennent ces traits suspendus, et les empêchent de tomber pendant les tournées et aux moments d'arrêt (fig. 4).

Attelage de trois chevaux.

Deux méthodes sont employées pour atteler trois chevaux sur la charrue. La première (fig. 5) consiste à placer d'abord deux animaux de front, absolument comme dans l'attelage de la figure 1. Le troisième, qui marche dans la raie devant les deux autres, est attelé sur une chaîne passant entre ces derniers et allant s'attacher au crochet du régulateur. Pour que la longueur de cette chaîne ne devienne pas une cause d'embarras dans les tournées en traînant sur le sol, on la fait passer sur une courroie dont les extrémités sont attachées aux traits des animaux placés de front.

Un moyen coercitif, simple et ingénieux, est employé contre le cheval de devant qui, par son éloignement du laboureur, se trouve placé à l'abri du fouet. Une boule en bois

Fig. 5. — Attelage à trois chevaux placés deux de front et le troisième devant les deux autres.

(fig. 5), garnie de pointes sur toute sa circonférence, est enfilée sur une corde mince
qui passe entre les jambes du premier cheval, et s'attache, d'un côté à son poitrail, et
de l'autre au mancheron droit de la charrue.
Le *hérisson*, c'est le nom que porte la boule
en question, se trouve fixé au-dessous du
thorax, de manière qu'en tirant par coups
saccadés sur l'extrémité de la corde, il vient
bondir contre le cheval et stimuler son ardeur.

Outre l'influence fâcheuse que possède ce
système d'attelage sur le réglement de la
charrue, ainsi que nous le verrons plus tard,
on peut également lui reprocher d'utiliser
assez mal la force du premier cheval. Aussi
préfère-t-on généralement la seconde méthode, qui consiste à placer les trois animaux
de front Avant de la décrire, on nous per-
mettra de dire quelques mots des palonniers,
des balances ordinaires, et plus particulièrement des balances à trois chevaux.

Le palonnier n'est autre chose qu'une tige
en fer ou en bois sur laquelle viennent s'attacher les traits des animaux. Il porte à son
milieu un anneau ou un crochet qui sert
à le fixer, tout en lui laissant la liberté de pivoter et de répartir par conséquent la force
produite par le cheval également sur ses deux
épaules. On comprend, en effet, que, lorsque
le cheval est attelé sur une barre roide et in-
capable de pivoter, ses épaules sont chargées
tour à tour du fardeau qu'il traîne. Lorsque
c'est le membre antérieur droit qui avance,
c'est l'épaule droite qui reçoit toute la réac-

tion de l'effort du cheval, de même que c'est
l'épaule gauche qui reçoit une réaction semblable, lorsque c'est le membre correspondant qui se met en mouvement. Je ne m'atta-
cherai pas à faire ressortir les avantages que
possède le palonnier articulé, qui, en répar-
partissant à chaque instant l'effort produit
par le cheval entre les deux épaules, augmente le travail effectif et diminue les chances
de blessure. On remarquera seulement que,
dans le cas d'un palonnier non articulé, le
véhicule ou la charrue sont sollicités alternativement à droite et à gauche, et il est impossible, par conséquent, qu'ils puissent suivre une ligne parfaitement droite.

Fig. 6. — Balance à deux palonniers.

Une *balance* (fig. 6, 7, 8 et 9) est un as-
semblage de deux ou trois palonniers sur la
même tige ; et, de même qu'un palonnier a
pour but de répartir également la force entre
les deux épaules d'un cheval, la balance a
pour résultat de répartir la même force également entre tous les animaux attelés sur
elle.

Les balances sont à deux ou à trois palonniers. Les premières sont très-simples, et l'inspection de la figure 6 suffira pour les faire comprendre. C'est une tige de la longueur de 1ᵐ.20 environ, portant un palonnier à chacune de ses extrémités, et un anneau au milieu. En l'accrochant par cet anneau à la chaîne du régulateur, les animaux seront attelés sur des bras de levier égaux, et seront forcés, par conséquent de développer la même force dans l'accomplissement du travail.

Il arrive quelquefois que les deux animaux d'un même attelage ne sont pas également forts, et que l'on désire répartir le travail entre eux, proportionnellement aux efforts dont chacun d'eux est capable. Il suffit, pour atteindre ce résultat, de rendre mobile l'anneau A qui se trouve ordinairement au milieu de la balance et de le placer de manière à donner à celui

Fig. 7. — Balance simple à trois palonniers.

des deux animaux qui est le plus fort, un bras de levier plus court que celui de son compagnon. Admettons, par exemple, que la force du cheval A puisse être représentée par 7, et celle du cheval B par 5 seulement. Il suffira de diviser la longueur de la balance en 12 parties égales, de donner au cheval A 5 de ces parties, et au cheval B 7 [1].

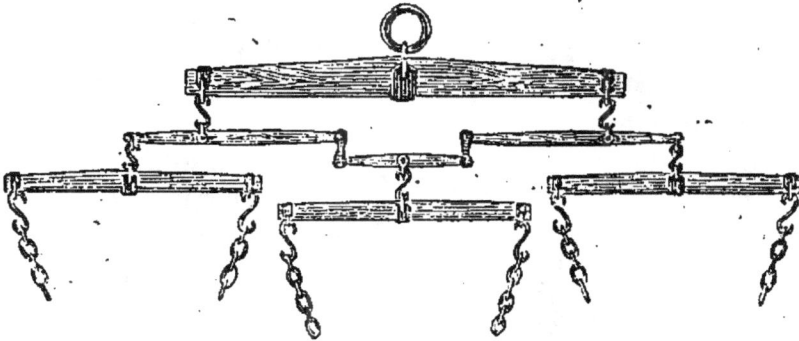

Fig. 8. -- Balance à trois palonniers à système compensateur.

Les balances à trois chevaux sont très-nombreuses, mais celles que l'on emploie le plus ordinairement se réduisent à deux. La plus simple, et celle qui serait le plus généralement employée si elle ne rendait pas le cheval du milieu indépendant des deux autres sous le rapport de la répartition de la force, est représentée par la figure 7. Elle consiste en une simple tige en bois portant trois palonniers, dont deux aux extrémités

(1) Cette manière d'agir est justifiée par ce théorème de statique : deux forces parallèles sont en équilibre, lorsqu'elles sont inversement proportionnelles à leurs bras de leviers.

et un au milieu. Les chevaux des extrémités sont parfaitement solidaires, et tous les deux exécutent à chaque instant une égale part du travail; il n'en est pas ainsi de celui du milieu, que rien ne force à travailler (fig. 9).

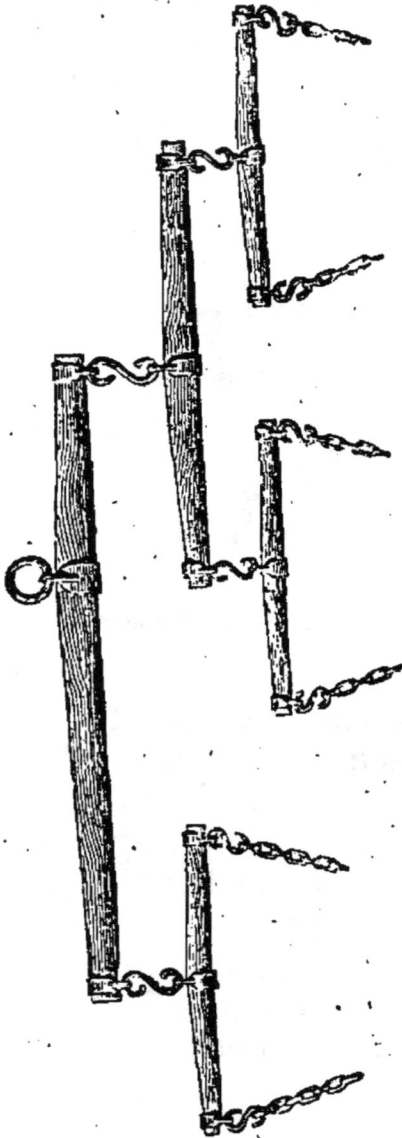

Une autre balance, représentée par la figure 9, porte à l'une de ses extrémités une balance ordinaire à deux chevaux, et à l'autre un palonnier. On comprend que l'anneau qui sert à attacher la balance au crochet du régulateur doit se trouver au tiers de la longueur de la balance, à partir du point où sont attelés les deux animaux.

Fig. 9. — Balance complexe à trois palonniers.

Quoique les balances dont nous venons de parler soient presque les seules que l'on emploie dans les labours, et qu'elles suffisent parfaitement pour les travaux agricoles, nous croyons devoir mettre sous les yeux des lecteurs une balance dite *à système compensateur*, qui est à la fois juste dans la répartition de la force, scientifique dans ses principes, et élégante dans sa forme. Elle est représentée par la figure 8, et une simple inspection suffit pour se rendre compte de sa perfection sous le double rapport de la répartition de la force et de la douceur qu'elle doit apporter dans tous les mouvements du système. On peut cependant objecter à cette balance la longueur qu'elle donne à la ligne de tirage, et la charge que lui font supporter les trois palonniers et les autres pièces secondaires.

Quelle que soit la balance dont on se servira pour atteler sur la charrue trois chevaux de front, on placera toujours celui de droite dans la raie, et les deux autres sur le guéret. Comme dans l'attelage à deux chevaux, celui de droite sera l'animal conducteur, et c'est sous sa dépendance que devront être placés ses deux compagnons. Ainsi on attellera les deux chevaux de droite comme dans l'attelage à deux chevaux, et l'on placera le troisième, par rapport au second, absolument de la même manière que le second aura été placé par rapport au premier. On pourra cependant se dispenser de la quenouille, si le cheval qui est à l'extrême gauche est bien dressé. Dans ce cas, il suffira d'attacher sa longe au collier du cheval du milieu.

Ce système d'attelage a deux inconvénients

que nous devons signaler. D'abord, le balottement de tout le système de volées entraîne beaucoup d'incertitude dans le tirage, et amène par conséquent une perte de force considérable. On emploie assez souvent, pour remédier à cet inconvénient, le croisement des traits. Ce moyen consiste à attacher les traits du cheval du milieu aux palonniers voisins et réciproquement, à attacher au palonnier du milieu les deux traits des chevaux des extrémités. Le remède est ici presque aussi fâcheux que le mal, car, en croisant les traits, on rompt leur parallélisme et l'on éprouve, par conséquent, une perte de force.

Le second inconvénient, dont nous voulons parler, résulte de la position même de l'attelage, dont les deux tiers sont placés sur le guéret, à gauche de la charrue. L'instrument ayant une tendance continuelle à aller vers la gauche, où il est sollicité plus fortement qu'à droite, on est forcé de vaincre cette tendance en donnant au régulateur une position forcée vers la gauche. Mais, en agissant ainsi, la charrue marche légèrement de flanc au lieu de marcher droite, et, outre qu'elle exige plus de tirage, elle a une tendance continuelle à se renverser dans la raie.

Malgré les inconvénients que nous venons de signaler, nous conseillons ce système, de préférence au premier, pour les labours qui nécessitent trois animaux. Il est préférable, aussi bien au point de vue de la force effective que de l'égale répartition du tirage entre tous les animaux, et même sous le rapport de la régularité dans la marche de l'instrument.

Attelage à quatre chevaux (fig. 10).

Les labours de défrichement, les labours profonds dans les terres fortes, et enfin les défoncements, exigent souvent un attelage à quatre chevaux pour être exécutés. Dans ces circonstances, les animaux sont placés deux à deux et arrangés de la même manière que dans l'attelage à deux chevaux. On met les deux paires l'une devant l'autre (fig. 10), en plaçant les animaux de droite dans la raie ; on attelle la première paire directement sur la charrue, et la seconde au bout d'une grande chaîne attachée et soutenue absolument de la même manière que dans le premier système d'attelage à trois chevaux.

Malgré les conditions de solidité que doit présenter une charrue destinée à recevoir l'effort de traction de quatre chevaux, on ne doit négliger aucune précaution pour la mettre à l'abri d'un accident. On remarquera que ce n'est pas dans un travail normal et régulier que l'instrument est exposé à se casser, mais bien lorsque le conducteur surexcite ces animaux et leur fait donner un coup de collier trop fort. Aussi deux personnes sont-elles nécessaires pour la conduite d'un pareil attelage : l'une, tout entière à la conduite de la charrue, régularisera sa marche et assurera la perfection du labour ; l'autre, au contraire, en *touchant* les chevaux, en les faisant marcher d'un pas régulier, et leur faisant prendre à chacun une part égale du travail mé-

Fig. 10. — Attelage à quatre chevaux.

nagera à la fois instruments et bêtes, et évitera toute sorte d'accidents. S'il y avait quelques doutes sur les conditions de solidité de l'instrument, on pourrait, au lieu d'atteler tous les animaux au même point, faire passer la chaîne des chevaux de devant dans le grand anneau de la chaîne du régulateur et aller l'attacher à l'étançon intérieur, en lui faisant faire le tour de l'age.

CHAPITRE II

Du règlement de la charrue.

L'age de la charrue porte à sa partie antérieure une pièce très-variée dans sa forme et dans ses combinaisons ; on la nomme *régulateur*. Le nom de cette pièce indique bien qu'elle joue un grand rôle dans le règlement de la charrue, mais on aurait tort de croire que c'est là le seul moyen de règlement que possède le laboureur. Il se sert également, avec moins d'avantage sans doute, de la *longueur des traits*, de la *manière de les placer sur les palonniers*, et enfin de l'*action* qu'il peut exercer *sur les mancherons*. Nous allons examiner successivement ces divers moyens, et, pour simplifier autant que possible cette question, nous raisonnerons toujours dans l'hypothèse d'un attelage à deux chevaux, sauf à examiner ensuite les cas particuliers qui peuvent se présenter dans les autres systèmes.

Règlement de la charrue au moyen du régulateur.

Sans entrer ici dans une discussion, qui nous entraînerait peut-être trop loin, sur la direction de la ligne de tirage, nous pouvons dire que cette ligne, dans une charrue sans avant-train, est droite, et qu'elle passe par les trois points suivants (fig. 11) :

2

1° Le centre des résistances (*a*), c'est-à-dire le point où il faudrait attacher une force égale à celle des chevaux, pour qu'en tirant dans une direction contraire elle puisse lui faire équilibre. Ce point est placé sur la charrue aux deux tiers de la profondeur du labour et aux deux tiers de la largeur, à partir du bord gauche de la raie;

2° Le point du régulateur sur lequel se trouve placée la chaîne de tirage (*b*);

3° Enfin, le point qui partagerait en deux parties égales la ligne joignant le poitrail des deux animaux (*c*).

C'est sur la tendance incessante de ces trois points à se mettre en ligne droite, aussitôt qu'une cause quelconque les fait sortir de cette position, qu'est basé le règlement de la charrue.

Admettons que la charrue soit dans la position représentée par la fig. 11, et que la ligne de tirage passe par les trois points *a*, *b*, *c*, qui sont actuellement en ligne droite : si l'on abaisse le régulateur jusqu'au moment où le point *b* sera en *b'*, la rectitude de la ligne de tirage sera rompue, et, comme la position des points *a* et *c* est invariable, il faudra, pour que la ligne de tirage redevienne droite, que le point *b'* s'élève jusqu'au point *b*. Avec le point *b'* s'élèvera naturellement l'age de la charrue, qui lui-même entraînera le soc, et la profondeur du labour deviendra par conséquent plus faible.

Si l'on agit d'une manière contraire sur le régulateur, c'est-à-dire si on élève le point *b* jusqu'au point *b''*, il faudra, pour que la ligne de tirage redevienne droite, que le point b'' descende jusqu'au point b, de manière que, la pointe du soc appuyant davantage sur le sol, la charrue aura plus d'entrure [1].

En résumé, il faut élever le régulateur pour augmenter la profondeur du labour, et le faire descendre, au contraire, pour la diminuer.

Le règlement de la charrue pour la largeur du labour est basé sur les mêmes principes et s'opère avec autant de facilité que pour la profondeur. Les

(1) Le mot *entrure* signifie, dans le langage des laboureurs, tendance à entrer en terre, à prendre plus de profondeur ou même plus de largeur.

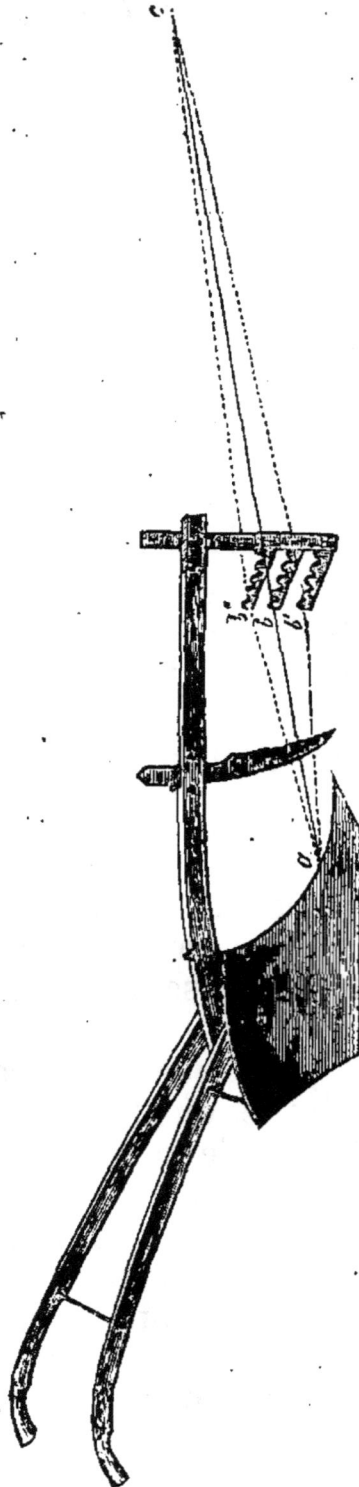

Fig. 11. — Explication du règlement de la charrue par le régulateur.

trois points dont nous venons de parler exis-
tant toujours, et la position des deux extrê-
mes étant également invariable, il en résulte
que, si l'on fait passer à gauche la chaîne du
régulateur, ou, pour mieux dire, le point *b*,
la tendance qu'aura ce point à se mettre en
ligne droite avec les deux autres poussera la
charrue à droite, et lui fera prendre, par
conséquent, moins de largeur [1]. Il est évident
que le contraire doit arriver si, au lieu de
faire passer la chaîne du régulateur à gauche, on la déplace dans un sens opposé.

Le régulateur à crémaillère n'étant pas
assez sensible pour faire varier la largeur du
labour d'une quantité aussi petite qu'on
peut le désirer, il peut arriver, comme cela
se voit quelquefois, que deux crans consécu-
tifs donnent, l'un, une largeur trop grande,
l'autre une trop petite. Pour avoir la largeur
intermédiaire qu'ils désirent, les charretiers
tordent la chaîne du régulateur de manière
à faire prendre à la grande maille une position oblique et intermédiaire entre les deux
crans qui fournissent une largeur trop forte
ou trop faible (fig. 12).

Les régulateurs à tige ne présentent pas
cet inconvénient et possèdent d'ailleurs, sur
les régulateurs à crémaillère, l'avantage

(1) Nous admettons, ainsi que cela arrive ordinairement,
que le versoir de la charrue est à droite de l'instrument, de manière que, pour exprimer que la charrue
prend plus ou moins de raie, nous pouvons dire également qu'elle va à gauche ou à droite. Il nous arrivera
également de dire que l'instrument *rentre dans la
raie* pour indiquer qu'il prend moins de largeur de
bande.

d'être moins chers. Ils ont été dans ces
dernières années l'objet de modifications
importantes qui les feront, il faut l'espérer,
passer complétement dans la pratique.

Règlement de la charrue au moyen des traits.

Si la charrue est réglée pour une profondeur donnée et que, par une raison quelcon-

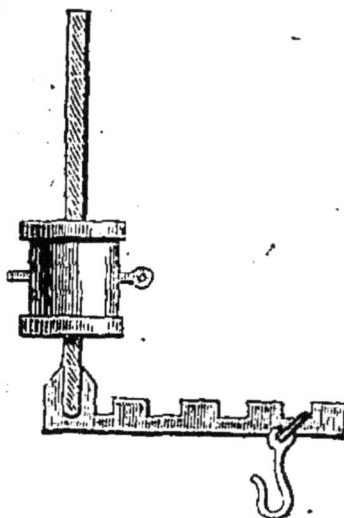

Fig. 12. — Régulateur à crémaillère.

que, on allonge les traits des animaux, je dis
que l'instrument fournira par ce seul fait
un labour plus profond. Quelle que soit en
effet la longueur des traits, la hauteur du
point *c* (fig. 13) au-dessus du sol ne change
jamais, elle est toujours égale à la hauteur
du poitrail des animaux. Or, si on allonge
les traits, c'est-à-dire si l'on transporte le
point *c* au point *c'*, les trois points *a*, *b*, *c'*
ne seront plus en ligne droite, et le point *b*
devra descendre pour rétablir la rectitude
de la ligne de tirage. Mais le point *b* des-

2.

cendant entraîne avec lui l'age de la charrue et donne à l'instrument plus d'entrure.

Règlement de la charrue par la manière de placer les traits sur les palonniers.

La manière de placer les traits des animaux sur les palonniers peut fournir un moyen de règlement.

Veut-on diminuer, par exemple, la largeur du labour? Au lieu de placer les traits droits des deux animaux à l'extrémité correspondante des deux palonniers, on les attache à une certaine distance de ces extrémités (fig. 14). Il en résulte que, le point d'application étant porté sensiblement vers la gauche, la charrue sera sollicitée vers

Fig. 15. — Explication du règlement de la charrue au moyen des traits.

la droite et prendra moins de largeur. Si l'on plaçait, au contraire, les traits gauches au milieu des bras correspondants des palonniers, on ferait prendre à la charrue plus de largeur.

Ce moyen de règlement est si vicieux, il peut présenter des inconvénients si graves, que nous avons hésité avant de le donner. Il ne faut pas oublier que ce n'est qu'un expédient auquel on ne doit avoir recours que dans des circonstances exceptionnelles. Ainsi

14. — Placement des traits sur les palonniers pour le règlement de la charrue.

réglée, la charrue présente peu de stabilité, et, les traits des chevaux étant attachés sur des bras de leviers inégaux, les épaules ne sont pas également chargées, et celle qui exécute le plus de travail peut en éprouver des blessures.

Action de l'homme sur les mancherons.

L'action de l'homme sur les mancherons est un puissant moyen de règlement; mais il n'est pas permanent, et l'on peut dire même qu une charrue bien construite et bien réglée est précisément celle qui permet au laboureur d'y avoir recours le moins souvent possible. Cependant, quelque bien construite que soit une charrue, quelle que soit la précision avec laquelle on la règle, les inégalités du terrain et les obstacles qu'elle rencontre à chaque instant en dérangent continuellement l'équilibre. C'est au maintien de cet équilibre, si je puis m'exprimer ainsi, que doit se borner l'action du laboureur sur les mancherons.

Voyons maintenant de quelle manière l'homme qui tient les mancherons peut donner au labour plus ou moins de profondeur, plus ou moins de largeur.

Si, par une raison quelconque, la charrue vient à prendre trop de profondeur, le laboureur appuie sur les mancherons, fait pivoter l'instrument sur le talon du sep, soulève le soc et prend par conséquent moins de profondeur.

Si, au contraire, la charrue ne prend pas assez de profondeur, le charretier soulève les mancherons, pique pour ainsi dire la pointe du soc en avant, et fait aller la charrue plus profondément.

Pour faire passer la charrue à droite, ou, ce qui revient au même, pour donner moins de largeur à la bande de terre, il suffit de peser légèrement sur le mancheron gauche et de soulever le mancheron droit. En agissant ainsi, les étançons appuient, par leur partie supérieure, contre le bord de la raie, le soc et le sep sont repoussés à droite, et la charrue prend moins de largeur. On re-

marquera que, par cette manœuvre, le soc
et le coutre, au lieu de couper la bande de
terre horizontalement et verticalement, la
coupent obliquement, et il en résulte un *labour en crémaillère* [1].

On fait une manœuvre à peu près inverse
de celle que nous venons de décrire, pour
faire prendre à la charrue une bande plus
large, c'est-à-dire que l'on appuie légèrement sur le mancheron droit, et l'on soulève
le mancheron gauche. On peut déduire l'explication de ce qui se passe ici d'un fait que
doit avoir observé tout homme qui a tenu
sérieusement les mancherons de la charrue.
Lorsque cet instrument passe d'une pièce à
une autre sans le secours du traîneau, les
charretiers soigneux le tiennent par le mancheron gauche dans une position inclinée, et
le font marcher sur le tranchant du soc. Si
la terre sur laquelle chemine la charrue est
d'une consistance moyenne, si c'est un gazon surtout, au lieu de marcher entre les
deux animaux qui la traînent, la charrue a
toujours une tendance à s'approcher de l'a-
nimal de gauche. C'est qu'en effet le soc s'en-
fonçant en terre dans une direction oblique
de droite à gauche, c'est naturellement dans
cette direction que la charrue tend à marcher
au lieu de suivre la ligne droite, suivant laquelle bute constamment la face supérieure
du soc.

On peut encore expliquer le résultat produit par cette manière d'agir sur les man-

(1) On nomme ainsi un labour dont la section du
soc n'est pas parallèle à la surface du sol.

cherons de la charrue, en observant que la bande de terre exerce à chaque instant sur le versoir une pression de droite à gauche et que cette pression augmente à mesure que l'on incline davantage la charrue vers la droite. D'ailleurs, quelques notions de statique sur la composition et la décomposition des forces suffiront pour faire trouver au lecteur une démonstration mathématique, plus rigoureuse que celle que nous venons de donner.

Faisons remarquer qu'en penchant la charrue vers la droite on soulève légèrement la pointe du soc, et l'on diminue par conséquent la profondeur du labour. On doit, par conséquent, lorsqu'on veut prendre plus de largeur, sans diminuer la profondeur, soulever légèrement les deux mancherons, en même temps que l'on incline la charrue vers la droite.

Le tableau suivant résume toutes les opérations ou manœuvres que comporte le règlement de la charrue.

Pour donner au labour plus de profondeur.

1° Elevez le régulateur.
2° Allongez les traits.
3° Levez les mancherons.

Pour donner au labour moins de profondeur.

1° Baissez le régulateur.
2° Donnez moins de longueur aux traits.
3° Appuyez sur les mancherons.

Pour donner au labour plus de largeur.

1° Portez à droite la chaîne du régulateur.

2° Attachez les traits gauches des deux chevaux au milieu des bras correspondants de leurs palonniers (expédient).

3° Appuyez sur le mancheron droit et soulevez le mancheron gauche ; soulevez en même temps et légèrement les deux mancherons pour ne pas diminuer la profondeur du labour.

Pour donner au labour moins de largeur.

1° Portez à gauche la chaîne du régulateur.

2° Attachez les traits droits des deux chevaux au milieu des bras correspondants de leurs palonniers.

3° Appuyez sur le mancheron gauche et levez le mancheron droit.

CHAPITRE III

Des circonstances qui influent sur le règlement de la charrue.

I. — *Mode d'attelage.*

a. Attelage à trois chevaux.

Si l'on se rappelle tout ce que nous avons dit sur le règlement de la charrue, on comprendra facilement que, dans l'*attelage à trois chevaux*, une irrégularité dans le tirage du cheval du devant en amène forcément une dans la profondeur et la largeur du labour. Parlons d'abord de la profondeur.

Lorsque nous nous sommes occupés de déterminer la position des trois points que nous avons considérés en parlant du règlement de la charrue, nous avons dit que l'un d'eux (*c*) (p. 26) serait placé au milieu d'une ligne qui joindrait le poitrail des deux animaux. Dans l'attelage à trois chevaux, la position de ce point ne peut plus être la même et doit se trouver évidemment en avant des deux chevaux attelés de front et en arrière de celui qui est placé devant eux. Il est même évident que la position de ce point ne saurait avoir une position fixe, et qu'il doit se rapprocher ou s'éloigner du cheval de devant suivant que ce dernier tire plus ou moins. Ainsi, admettons que la direction de la ligne de tirage, lorsque les trois animaux tirent également, soit $a\,b\,c$ (fig. 15). Le cheval de devant étant attelé en c'', le point c se trouvera transporté en c'''' si son tirage augmente. Mais, par ce changement dans la position du point c, la ligne de tirage fait au point b un angle qui ne saurait subsister et qui disparait en effet par l'abaissement immédiat du régulateur et de la partie antérieure de la charrue, qui prend immédiatement plus de profondeur.

Si, au lieu d'augmenter ses efforts, le cheval de devant les ralentissait au contraire, alors le point c se rapprocherait du point c', où sont attelés les chevaux

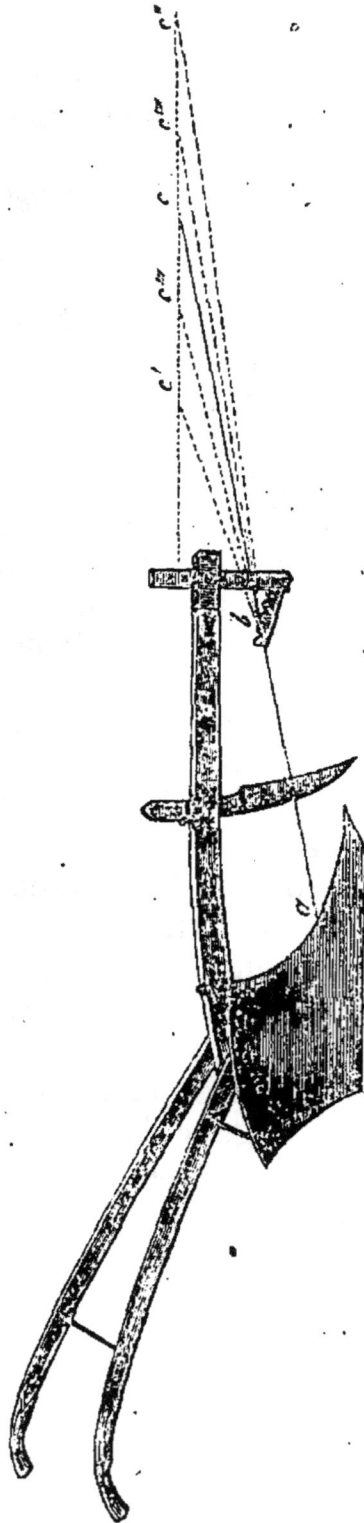

Fig. 15. — Explication de l'irrégularité du travail de la charrue dans le cas d'un attelage à 3 chevaux.

placés de front en c''', et la ligne de tirage ferait un angle en b. Ce point s'élèverait immédiatement, et la profondeur du labour serait diminuée.

La même irrégularité dans le tirage entraîne des inconvénients analogues pour la largeur du labour, si toutefois (ainsi que cela arrive ordinairement) le troisième cheval marche dans la raie. Le cheval de devant augmentant ses efforts, la charrue se trouvera fortement sollicitée vers la raie et tendra à s'en rapprocher, c'est-à-dire à prendre moins de largeur. Si, au contraire, le même animal ralentit sa marche, s'il fait moins d'efforts en un mot, la charrue sera moins sollicitée vers la raie, aura moins de tendance à s'en rapprocher et prendra ainsi plus de largeur.

b. Attelage à quatre chevaux.

Les chevaux de devant étant placés absolument de la même manière que ceux de derrière, ce mode d'attelage ne peut avoir aucune influence sur la largeur du labour; mais il n'en est pas de même pour la profondeur, qui est soumise aux mêmes variations que dans l'attelage à trois chevaux. C'est le cas d'insister sur la nécessité de donner au laboureur un aide, ne serait-ce qu'un enfant, pour veiller sur les animaux et obtenir de chacun d'eux des efforts réguliers et constants. C'est une condition essentielle, comme on le voit, pour la régularité du labour, mais elle a peut-être plus d'importance encore, au point de vue des chevaux, qui, sous l'influence d'efforts modérés et réguliers, se fatiguent moins qu'en donnant des coups de collier après des moments de repos.

II. — *Nature du sol.*

Une charrue réglée pour le labour dans une terre peut-elle exécuter le même labour dans une terre de nature différente ? Voilà la première question que nous avons à résoudre pour dévopper ce sujet, qui est bien plus important qu'on ne pourrait le croire tout d'abord.

Une circonstance qui influe beaucoup sur la profondeur du labour, c'est, sans contredit, la pression de la bande de terre sur le versoir et le soc. Cette pression est occasionnée par le poids de la terre, qui est sensiblement le même, quelle que soit sa nature, et par la résistance que cette même bande oppose à la torsion. Or la terre forte et plastique se brise difficilement, se tord avec peine pour prendre la forme du versoir, appuie fortement à la façon d'un ressort sur la charrue, pousse cet instrument aussi bien de haut en bas que de droite à gauche, et le force, par conséquent, à prendre plus de profondeur et de largeur qu'il n'en prendrait dans une terre d'une nature différente. Les terres légères, au contraire, se tordent avec la plus grande facilité, et leurs molécules se séparent aisément les unes des autres; il en résulte que la charrue n'est sollicitée vers le sol que par son poids et celui de la terre, et entre par conséquent avec moins de facilité.

La raison que nous venons de donner est
suffisante, sans doute, pour expliquer le fait
d'une pénétration plus facile de la charrue
dans les terres fortes que dans les terres légères. Nous demandons cependant la per-
mission de dire encore quelques mots, pour
rendre plus évidente une proposition qui, au
premier abord, paraît paradoxale. On sait
que les terres fortes glissent sur le fer poli
avec la plus grande facilité et sans laisser
aucune trace de leur passage. Les terres légères, au contraire, et particulièrement
celles où le calcaire entre dans une assez
grande proportion, glissent difficilement,
s'attachent à toutes les pièces de la charrue,
la bourrent et l'empêchent d'entrer. Les
charretiers, dont l'esprit observateur n'est
peut-être pas assez souvent consulté par ceux
qui sont chargés de diriger leurs travaux,
comprennent très-bien cette différence entre
les terres fortes et les terres légères. On les
voit bien souvent aller au labour sans palette
à décrotter dans les terres argileuses, tandis qu'ils sont toujours munis de cet outil
quand ils labourent des terres légères et particulièrement des terres calcaires. « Les terres argileuses, disent-ils, attirent le fer et les
terres calcaires le repoussent, » expressions
énergiques, exprimant parfaitement la vé-
rité que nous voulons mettre en évidence.
C'est dans ce fait qu'il faut chercher la raison d'être du patin que certains cultivateurs
du Nord conservent encore sur les charrues
ordinaires. Ils reconnaissent l'utilité, la nécessité même, du patin dans les terres argi-

leuses, surtout lorsqu'elles sont mouillées, et le considèrent comme inutile, au contraire, pour les terres légères et calcaires. Dans les premières, le patin sert à fixer une limite maximum à la profondeur du labour, précaution inutile dans les terres sablonneuses et calcaires, puisque, par leur nature, elles tendent plutôt à repousser la charrue qu'à lui faire prendre trop de raie.

III. — État du sol.

L'état du sol a une grande influence sur le règlement de la charrue. Dans les terres légères, c'est lorsqu'elles sont en bon état pour pouvoir être labourées que la charrue a le plus de tendance à entrer en terre; dans les sols consistants, c'est le contraire qui arrive. Ramollis par la pluie, ces derniers laissent pénétrer la charrue avec la plus grande facilité; quand ils sont trop secs, l'instrument pénètre d'abord difficilement; mais, une fois qu'il est engagé dans le sol, la difficulté avec laquelle la bande de terre se tord et se brise se traduit par une pression énergique de haut en bas sur la charrue, et c'est cette pression qui augmente la profondeur du labour. Rien du reste n'est plus difficile que de régler une charrue destinée à labourer une terre argileuse durcie par les sécheresses. L'instrument pénètre d'abord très-difficilement, puis, une fois engagé dans le sol, il s'y enfonce trop profondément. Tout à coup la bande de terre se brise à la partie antérieure du versoir, la pression exercée sur la charrue vient à manquer instantanément, et la réaction du sol est tellement grande, que l'instrument est rejeté avec force hors de la raie. Nouvelle difficulté pour faire pénétrer la charrue, nouveaux efforts pour l'empêcher de pénétrer trop profondément, et ainsi de suite.

Il résulte de ce que nous venons de dire que la charrue doit remplir deux conditions pour labourer le moins mal possible dans une terre argileuse et sèche à la fois : 1° être réglée pour une faible profondeur, pour ne pas entrer profondément lorsqu'elle reçoit la pression de la bande de terre ; 2° posséder toujours un soc nouvellement réparé et bien incisif, pour qu'il soit aisé au charretier de l'engager dans le sol, lorsqu'elle est rejetée en dehors de la raie.

IV. — Pente et relief du sol.

Pour bien apprécier l'influence de la pente et du relief du sol, nous examinerons successivement les deux cas qui peuvent se présenter, savoir : le labour dans le sens de la pente et le labour perpendiculairement à la pente.

a. Labour dans le sens de la pente.

Le poids de la charrue a certainement une influence sur la profondeur du labour, et cette influence est d'autant plus sensible, que la charrue appuie davantage sur la pointe du soc. En d'autres termes : plus la verticale passant par le centre de gravité de l'instrument se rapprochera de la pointe du soc, plus la charrue prendra de profondeur; plus au contraire la même verticale s'éloignera de la pointe du soc, moins l'instrument entrera profondément. Les conséquences de ce principe sont faciles à déduire. C'est naturellement en descendant que la verticale passant par le centre de gravité de l'instrument doit se rapprocher de la pointe du soc, et c'est en montant qu'elle s'en éloigne. Donc, avec un règlement donné, la charrue prend plus de profondeur en descendant la pente que lorsqu'elle la gravit.

b. Labour perpendiculairement à la pente.

Il est facile de voir que, lorsque la charrue renverse la terre de haut en bas, le poids de la bande sur l'instrument étant peu considérable, et, d'un autre côté, le poids de l'instrument lui-même le sollicitant vers la pente, c'est-à-dire hors de la raie, la profondeur et la largeur du labour seront moindres que lorsque la charrue renversera la bande de terre de bas en haut. Dans le dernier cas, en effet, le poids de la terre, qui appuie longtemps sur la charrue, et le poids de la charrue elle-même, sont autant de causes qui tendent à augmenter la profondeur et la largeur du labour.

V. — *Position et état des diverses pièces de la charrue.*

Il n'y a que trois pièces dont l'état ou la position puisse avoir de l'influence sur le règlement de la charrue. Ce sont : le *soc*, le *versoir* et le *coutre*. La position de l'age a bien aussi une influence, mais elle est modifiée par le régulateur et ne saurait être ici l'objet d'un examen.

a. Soc.

Pour donner à la charrue plus de stabilité et en même temps une tendance constante à entrer en terre, les constructeurs dirigent la pointe du soc un peu en bas et vers la gauche ; c'est ce qu'ils appellent lui donner de l'*entrure*. L'usure du soc, en faisant disparaître cette particularité, apporte une modification dans le travail de la charrue, qui ne prend plus autant de profondeur et de largeur. Il arrive même un moment où, la pointe du soc étant complétement usée, surtout à la partie inférieure, la charrue a une tendance continuelle à sortir de terre, et cette tendance ne peut être vaincue qu'en réglant l'instrument pour une grande profondeur. Lorsque le soc est dans cet état, on doit, aussi bien dans l'intérêt de la perfection du travail que dans celui de l'économie de la force de tirage, songer à le faire réparer.

b. Versoir.

De toutes les pièces de la charrue, le versoir est sans contredit celle qui a le plus d'importance. Sa construction influe, sans doute, sur la stabilité et le règlement de la charrue, mais il serait trop long d'examiner cette question d'une manière complète, et nous nous bornerons à dire quelques mots sur l'influence que peut exercer sa longueur. Cette influence, d'ailleurs, est très-facile à comprendre. Il est évident, en effet, que la masse considérable de terre dont un long versoir se trouve chargé doit contribuer à faire prendre à la charrue une grande profondeur. D'un autre côté, pour renverser la bande de terre à droite, le versoir exerce une poussée de gauche à droite. Or la réaction de cette poussée, qui sera d'autant plus grande que le versoir sera plus long, se fait juste en sens inverse, et tend par conséquent à faire passer la charrue sur la gauche.

c. Coutre.

Dans une charrue bien construite, le coutre se trouve placé un peu à gauche du plan vertical qui passe par les deux étançons. En donnant à cette pièce une position semblable, les constructeurs ont pour but d'éviter le frottement des étançons contre le guéret, qui, tout en augmentant la force de tirage, pousserait la charrue constamment vers la droite. C'est donc un excellent principe de construction que celui qui indique pour le coutre la position dont nous venons de parler, aussi bien pour régler l'instrument que pour diminuer autant que possible la force de tirage. Il faut également, pour atteindre complétement ce double but, éviter le frottement du dos du coutre contre le guéret, en le plaçant dans une position un peu oblique, par rapport à la section qu'il doit faire dans la terre. Cette position est donnée par la fig. 17, dans laquelle la ligne AB représente la projection du plan vertical passant par le bord de la raie, et le triangle a, une section faite sur le coutre par un plan horizontal.

La profondeur plus ou moins grande à laquelle on place le coutre a aussi sa part d'influence sur le règlement de la charrue.

Lorsque cette pièce descend jusqu'au soc, la bande de terre est complétement coupée, et son poids seul exerce une pression sur la charrue. Si le coutre est relevé, au contraire, une partie de la bande de terre reste sans être coupée, et l'effort que fait la charrue de haut en bas pour la déchirer réagit en sens inverse sur l'instrument et augmente la profondeur du labour. Mais cette même partie de la bande de terre, qui est déchirée au lieu d'être coupée régulièrement, frotte constamment contre le sep et repousse la charrue à droite.

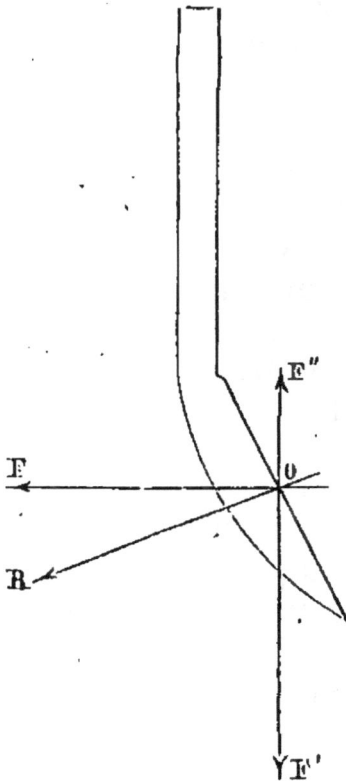

L'obliquité plus ou moins grande du tranchant du coutre mérite d'être examinée.

Fig. 16. — Influence de l'obliquité du tranchant du coutre sur le travail de la charrue.

Pendant le travail, le coutre reçoit une réaction R (fig. 16) perpendiculaire à son tranchant. Cette force R se décompose en deux parties, dont l'une, F, parallèle à la ligne de tirage, est détruite par la force des animaux, et l'autre, F', qui est verticale, tend, suivant sa direction, à faire enfoncer ou soulever la charrue.

Si, en partant de l'analyse que nous venons de faire, nous recherchons quelles peuvent être les conséquences des diverses inclinaisons que le coutre peut affecter, nous verrons :

1° Que l'inclinaison du tranchant du coutre est sans influence sur le règlement de la charrue, lorsque cette inclinaison est perpendiculaire à la direction de la ligne de tirage. (Dans ce cas, les forces F et F' sont égales à zéro.) 2° Que la force F' aura une valeur réelle et tendra à augmenter la profondeur, qu'elle agira dans le sens OF' lorsque l'angle formé par le tranchant du coutre avec la ligne de tirage sera plus grand qu'un angle droit. 3° Enfin, que la force F aura encore une valeur réelle et sera dirigée dans le sens OF'', lorsque le même angle formé par le tranchant du coutre et la ligne de tirage sera plus petit qu'un angle droit. Dans ce cas, la force F' tendra à soulever la charrue.

Disons enfin, pour ne rien omettre et tout en n'y attachant pas une grande importance, que, la force R (fig. 16) augmentant à mesure que l'on fait descendre le coutre, sa composante F' doit augmenter également et rendre par conséquent la profondeur du labour plus grande ou plus faible, suivant la direction de cette composante.

Fig. 17. — Position que doit occuper le coutre par rapport à la raie ouverte par la charrue.

CHAPITRE IV

Forme et dimensions de la bande de terre dans les labours.

Il me semble inutile de rechercher s'il existe pour la bande de terre une forme plus convenable que la forme rectangulaire adoptée par la pratique. Si on se livrait cependant, sur ce sujet, à quelques recherches mathématiques, j'ai de fortes raisons de croire que l'on arriverait à trouver que les bandes de terre qui auraient la forme d'un parallélipipède seraient d'un renversement plus facile que celles ayant la forme d'un parallélipipède rectangle ; mais je suis également convaincu que, transportée dans le domaine de la pratique, une pareille idée ne tarderait pas à être classée au nombre des choses impossibles dans leur application.

Les raisons sur lesquelles j'appuie mon opinion sont nombreuses ; les voici :

1° La nécessité d'avoir, pour détacher des bandes de cette nature, des charrues compliquées dans leur construction ;

2° Lorque la terre sera tant soit peu meuble, le prisme triangulaire qui a pour base le triangle abc (fig. 18) doit s'ébouler dans la raie et gêner le renversement de la bande de terre ;

3° L'action de l'homme sur les mancherons, pour régler la marche de la charrue, deviendrait illusoire ;

4° Les surfaces de section augmentant, pour un cube donné de terre remuée, la force nécessaire pour exécuter le labour augmenterait également ;

5° Enfin, l'angle aigu gha, autour duquel se fait la rotation de la bande de terre, s'écraserait et le renversement en deviendrait, par cela seul, aussi difficile que si la bande de terre était rectangulaire.

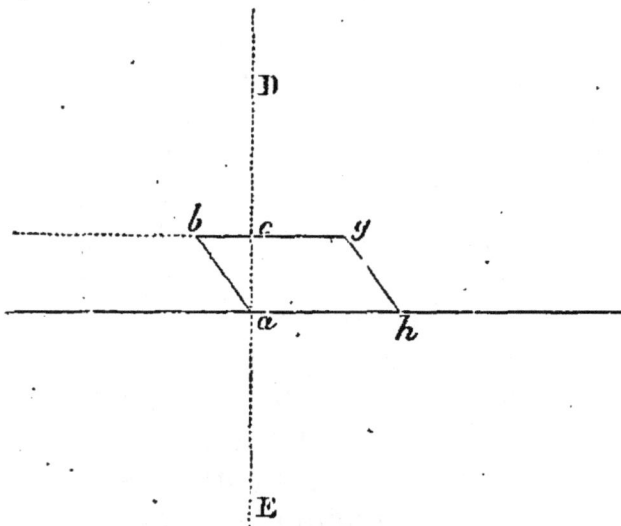

Fig. 18. — Section d'une bande de terre ayant la forme d'un parallélipipède.

Quant au rapport qui doit exister entre les dimensions de la bande de terre, il nous faut, avant de l'établir, entrer dans quelques considérations relativement au but des labours. Ce but est très-complexe; mais en général, si nous faisons abstraction des labours *spéciaux* que l'on donne pour enfouir le fumier, détruire les mauvaises herbes ou les mauvaises graines, le labour a pour but de *mélanger*, d'*ameublir* et d'*aérer* le sol. Nous allons voir que les trois espèces de labours que l'on peut donner ne satisfont pas également à ces trois conditions. Définissons d'abord ces labours :

La bande de terre séparée par le soc et le coutre, et renversée par le versoir, peut être placée dans trois positions différentes :

1° Elle peut subir un quart de révolution et rester droite sur la face qui représente la profondeur du labour, ce sont les *labours droits ;*

2° Si, après avoir subi un quart de révolution, la bande de terre continue à tourner autour d'une autre arête, jusqu'au moment où elle tombe et reste dans une position inclinée sur la bande de terre renversée précédemment, on aura les *labours inclinés ;*

3° Enfin, si la bande de terre ne rencontre pas un point d'appui sur la bande de terre précédente, en d'autres termes, si la largeur du labour est très-grande par rapport à la profondeur, elle retombera dans la raie sens. dessus dessous, et l'on aura un *labour plat.*

Si nous examinons maintenant ces trois sortes de labours, au triple point de vue du *mélange, de l'ameublissement* et de l'*aération* du sol, il nous sera facile de voir que, le labour *droit* et le labour *plat* ne présentant aucune arête saillante à l'action de la herse, il sera très-difficile d'obtenir, au moyen de

cet instrument, l'ameublissement et le mélange que lui seul peut donner. Le *labour
incliné*, au contraire, présente à la surface
du sol des prismes triangulaires sur lesquels
la herse a beaucoup de prise pour ameublir
et mélanger la terre. Sous le rapport de
l'aération du sol, la supériorité des labours
inclinés est encore plus évidente. Les labours droits et plats, en effet, n'exposent à
l'air qu'une surface égale à la surface du
champ, tandis que dans les labours inclinés, la surface exposée à l'air peut être
représentée par la longueur du champ multipliée par la ligne brisée A B C D I K L
(fig. 19), produit évidemment plus grand

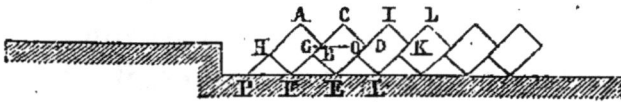

Fig. 19. — Section d'un labour incliné par un plan vertical
perpendiculaire à la direction des bandes de terre.

que la surface absolue du champ. Mais
ces labours sont aussi nombreux que
les divers rapports qui peuvent exister
entre les deux dimensions de la bande de
terre H A et A B (fig. 119), puisque l'inclinaison de cette dernière augmente à mesure
que, pour une largeur donnée du labour, on
fait diminuer sa profondeur. Il est donc important de rechercher quel est le rapport
qui doit exister entre les deux dimensions de
la bande, pour que l'aération du sol soit la
plus grande possible, ou, en d'autres termes,
pour que la surface exposée à l'air soit

maximum par rapport à la surface absolue du champ.

La figure 19 représente la section d'un labour par un plan vertical et perpendiculaire à la direction de ce même labour. Comme les bandes de terre A B F H, C D E G, I K L O, sont égales et placées dans la même position, elles présentent toutes la même surface à l'air, de manière qu'il nous suffira de trouver le maximum cherché pour l'une d'elles, pour l'avoir également pour toutes les autres et par conséquent pour le labour lui-même. Nous chercherons d'ailleurs ce maximum, par rapport à une largeur quelconque de la bande de terre, de manière qu'en les considérant toutes nous l'aurons par rapport à la surface labourée.

En suivant les divers mouvements de la bande de terre depuis le moment où elle est attaquée par la charrue, jusqu'à celui où elle est placée dans la position qu'elle doit occuper après le labour, il est aisé de voir que les lignes P F, F E, E L, sont égales entre elles, et à la largeur des bandes de terre. Mais les triangles C B D, G F E, sont rectangles en C et G; de plus C D = G E, comme côtés opposés d'un rectangle, et C B = G F, comme restes de deux quantités égales (F B et G C), dont on a retranché une quantité commune (G B); donc ces triangles sont égaux, et B D sera égal à F E ou à la largeur de la bande de terre. Donc le rapport entre la surface absolue d'une bande de terre et la surface qu'elle expose à l'air sera égal à celui qui existe entre B D et la quantité

BC + CD. Voyons dans quel cas la quantité BC + CD sera la plus grande possible par rapport à BD.

Quels que soient le labour et le rapport qui existe entre les deux dimensions de la bande de terre, le triangle BCD sera toujours rectangle, et la quantité BC + CD sera la plus grande possible, par rapport à BD, lorsque ce triangle rectangle sera en même temps isocèle [1].

Or, si nous cherchons maintenant quel est le rapport qui existe entre les deux dimensions de la bande de terre, lorsque la surface exposée à l'air est la plus grande possible, c'est-à-dire lorsque l'on a BC = CD (fig. 19), nous verrons que ces deux dimensions sont entre elles comme l'un des côtés qui comprennent l'angle droit d'un triangle isocèle est à l'hypoténuse, c'est-à-dire

---

(1) Théorème : *De tous les triangles rectangles qui ont même hypoténuse, le triangle isocèle est celui dont la somme des côtés qui comprennent l'angle droit est la plus grande.* Soit (fig. 20) le triangle isocèle ACB et ADB un quelconque des triangles rectangles ayant même hypoténuse que lui. Je dis que l'on aura

$$AC + CB > AD + DB.$$

En effet, par les points A et B, et du point C comme centre, faisons passer une circonférence et prolongeons AC et AD jusqu'en F et E. Si nous joignons EB, le triangle DEB sera isocèle. car l'angle en D étant droit, et l'angle DEB étant de 45° comme ayant pour mesure la moitié de l'arc AB, l'angle DBE sera également de 45°. Donc DB = DE et nous pouvons remplacer AD + DB par AE de même que AC + CB par AF. Or AF est un diamètre et AE une corde, donc AF > AE. C. q. f. d.

:: 1 : $\sqrt{2}$ ou 1 : 1.41 [1]. Donc, pour avoir la plus grande surface possible exposée à l'air, il faut que la profondeur du labour étant 1, sa largeur soit 1.41 [2].

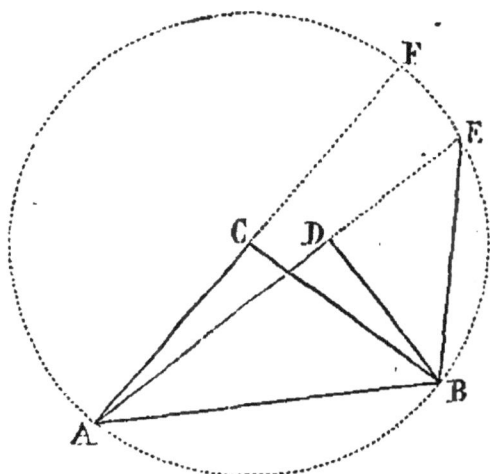

Fig. 20. — Démonstration d'un théorème de géométrie servant à déterminer la surface maximum exposée à l'air dans un labour.

On peut trouver graphiquement et d'une manière très-simple la largeur du labour

(1) Le triangle isocèle et rectangle BCD (fig. 19) donne : $\overline{BD}^2 = \overline{BC}^2 + \overline{CD}^2$; mais BC et CD sont égaux entre eux et à la profondeur du labour, de même que BD est égal à la largeur du labour; nous aurons donc, en représentant par p et l la profondeur et la largeur du labour,

$$l^2 = 2 p^2 \text{ et en faisant } p = 1, \ l^2 = 2 \text{ d'où } l = \sqrt{2}.$$
$$\text{Donc } p : l :: 1 : \sqrt{2}.$$

(2) *Corollaire.* Le triangle FGE (fig. 19) étant à la fois rectangle et isocèle, puisqu'il est égal au triangle CDB, l'angle GFE sera de 45°. *Donc le labour qui expose la plus grande surface possible à l'air place les bandes de terre sous une inclinaison de 45°.*

lorsque la profondeur est donnée. Il suffit pour cela de faire sur le papier ou sur la terre bien unie un angle droit A (fig. 21), et

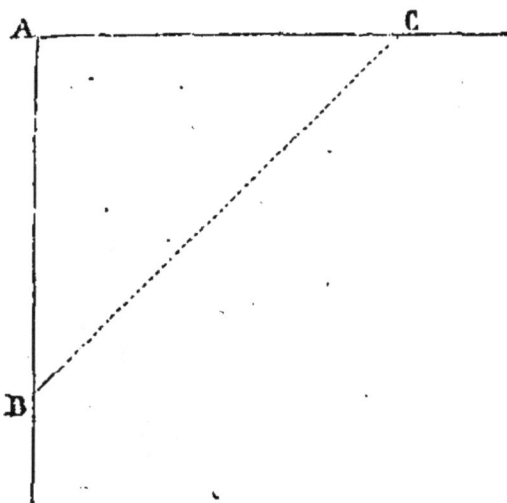

Fig. 21. — Moyen de déterminer la largeur que doit avoir le labour pour une profondeur donnée.

de prendre A B et A C égales à la profondeur du labour ; la ligne B C en représentera la largeur. On comprend que, lorsque cette opération est faite sur le terrain même, le résultat obtenu n'est qu'approximatif, et alors on peut, sans plus de chance d'erreur, prendre pour la largeur du labour une fois et demie la profondeur.

Si nous examinons maintenant l'action de la herse considérée comme agent d'ameublissement du sol, nous verrons qu'elle sera la plus grande possible lorsque les plans formant l'arête supérieure des prismes triangulaires qui surgissent au-dessus du labour seront également inclinés à l'horizon, c'est-à-dire lorsque le triangle BCD (fig. 19) sera isocèle.

Il nous reste à examiner si un labour à bandes très-larges, et par conséquent très-inclinées, permet un ameublissement du sol plus complet au moyen de la herse que le labour à 45°. Or nous avons déjà résolu cette question, puisque nous avons vu que la herse a d'autant plus de prise que les angles solides exposés à l'air sont plus saillants, et que d'ailleurs cette condition est remplie lorsque les deux plans qui forment cet angle sont également inclinés à l'horizon.

M. Bella, et d'autres après lui, a affirmé « que le volume des prismes triangulaires que les bandes de labour laissent surgir au-dessus du sol importe au moins autant, sinon plus, que la quantité de surface que ces prismes montrent à la lumière, » et, comme le volume de ces prismes augmente à mesure que l'inclinaison du labour devient plus grande, il en résulterait, qu'il faudrait donner aux bandes de terre une largeur plus grande que celle qui est indiquée par le rapport de 1 à $\sqrt{2}$.

J'admets avec l'habile directeur de Grignon « que l'action que l'atmosphère exerce sur le sol ne se borne pas à la surface visible, elle pénètre plus ou moins profondément au-dessous de cette surface, et assez souvent elle atteint toute la masse remuée par la charrue; » mais je crois qu'il faut admettre également que cette pénétration est en rapport avec la surface exposée à l'air. En effet, l'absorption de la chaleur

pour une même terre n'est-elle pas en rapport avec la surface exposée à l'air [1] ? Le
rayonnement du calorique, et par conséquent l'intensité des gelées n'est-elle pas
également en rapport avec l'étendue de la
même surface? Enfin l'entrée de l'air dans le
sol, si je puis m'exprimer ainsi, n'est-elle
pas en rapport avec la surface par laquelle
elle se fait? Ici l'on pourrait objecter qu'il
existe en effet une certaine relation entre la
quantité d'air qui pénètre dans le sol et la
surface que le labour expose à la lumière,
mais que cette quantité dépend surtout de
la porosité du sol et du volume des prismes

(1) Les cultivateurs n'ont pas besoin d'être physi-
ciens pour savoir qu'en roulant leurs céréales de mars
et en égalisant la surface du champ ils mettent jusqu'à
un certain point la plante à l'abri de la sécheresse.
On remarquera bien qu'en attribuant un effet semblable au roulage, nous n'infirmons en rien le proverbe
qui dit qu'*un binage vaut un arrosage*. Un binage vaut
un arrosage, parce qu'en détruisant la capillarité de
la couche supérieure de la terre, il empêche l'humidité de monter jusqu'à la surface du sol, où elle serait
évaporée. Il vaut un arrosage, parce que dans la couche de terre ameublie il y a beaucoup d'air qui, par le
refroidissement nocturne, abandonne une partie de
l'eau qu'il tient en suspension à l'état de vapeur à
une température élevée. Le roulage qui a lieu avec
un rouleau léger ne tasse pas suffisamment la terre
pour augmenter sensiblement sa capillarité, et, d'un
autre côté, la terre, au moment où elle est roulée,
n'est plus très-poreuse dans sa partie supérieure, soit
à cause des pluies, soit à cause de l'affaissement naturel du sol. En somme, le roulage n'agit pas sensiblement dans le sens inverse du binage, surtout dans
une terre que le temps et la pluie ont affaissée, et
agit beaucoup au contraire en égalisant la surface du
sol, et en empêchant l'absorption du calorique et par
conséquent la perte de l'humidité.

d'air qui se trouvent sous le labour, volume égal à celui des prismes de terre qui surgissent à la surface. L'objection n'est pas aussi sérieuse qu'elle le paraît tout d'abord. En pratique, ces prismes d'air sont illusoires lorsque la bande de terre a une grande portée, c'est-à-dire lorsqu'elle est mince par rapport à sa largeur. Une bande de cette nature s'affaisse sous elle-même et remplit les vides qui se conservent au contraire plus facilement dans le labour à 45°, c'est-à-dire dans celui où la profondeur est à la largeur dans le rapport de 1 à $\sqrt{2}$.

Nous admettons avec M. Bella l'influence des prismes triangulaires que les bandes de labour laissent surgir au-dessus du sol ; mais cette influence est pour nous beaucoup moins grande que celle que présente la surface exposée à l'air, et l'on aurait tort, par conséquent, de sacrifier la seconde à la première.

Dans ces derniers temps on a voulu prouver que le labour à 45°, qui est celui qui expose la plus grande surface à l'air, est également celui qui met en relief le plus grand cube de terre. La démonstration que l'on a donnée est rigoureuse, et prouve une fois de plus que le triangle isocèle est le plus grand des triangles rectangles qui ont même hypoténuse ; mais il nous semble que la question a été mal posée. On admet en effet que, des deux dimensions du labour, la profondeur et la largeur, c'est cette dernière que l'on doit prendre comme élément fixe. On arrive ainsi à démontrer que depuis 0 jusqu'à 45°, la largeur restant fixe, le volume exposé à l'air augmente avec la profondeur du labour ; ou, ce qui revient au même, avec le volume de terre remuée. Or, dans la pratique, ce que l'on conçoit tout d'abord, c'est la nécessité de fouiller, d'ameublir le sol à une certaine profondeur ; puis, *lorsque cette donnée est fixée*, on choisit la largeur qui permet d'ameublir le sol avec le moins de force possible, et d'exposer à l'air le plus grand volume et la plus grande surface. Il est donc évident que ce qui importe le plus dans la question qui nous occupe, c'est d'exposer à l'air le plus grand volume possible, *proportionnellement au volume de terre remué par la charrue.*

La question, ainsi posée, fera perdre, sans doute, de leur importance aux prismes triangulaires exposés à l'air; mais elle aura l'avantage de nous amener à des solutions rationnelles.

Il est évident que le prisme qui fait saillie au-dessus du sol, et que nous nommons *volume exposé à l'air*, aura toujours pour base un triangle B C D (fig. 19), dans lequel B D sera toujours égal à la largeur du labour, et C D à la profondeur. Or il est aisé de voir que plus la largeur du labour devient petite, et plus aussi diminue le côté B C. Mais le troisième coté C D reste invariable, et la base du prisme, ou le prisme lui-même, diminuera avec la largeur du labour, jusqu'au moment où la ligne B D deviendra égale à la ligne C D et se confondra avec elle. Dans ce cas limité, la base du prisme, ainsi que son volume, se réduisent à 0.

Si, au lieu de faire diminuer successivement la largeur du labour, nous la faisons augmenter, le côté B C augmentera avec elle, et, comme C D reste constant, la base du prisme augmentera également jusqu'au moment où deux bandes successives ne se toucheront que par un point.

Dans ce cas, nous aurions la diagonale a c (fig. 22), égale au côté a b, puisque ces

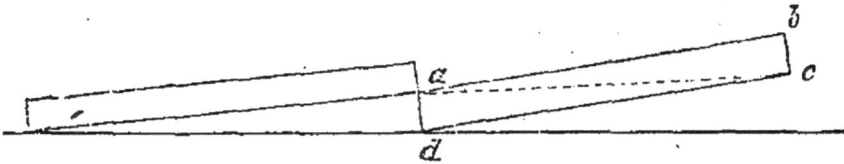

22. — Section d'une bande de terre dans le cas où la profondeur du labour est très-petite par rapport à la largeur de la bande.

deux quantités représentent également la largeur du labour. Or cette égalité ne peut exister qu'autant que l'on admet que ces deux droites sont infiniment grandes par rapport à la profondeur du labour. Dans ce cas impossible, le volume de terre exposé à l'air serait égal au volume de terre remué.

En résumé : 1° le volume des prismes exposé à l'air augmente à mesure que l'on fait augmenter la largeur du labour; 2° ce volume ne peut jamais être égal à la moitié du volume de la terre remuée.

Dans tout ce qui précède, nous nous sommes occupé du rapport qui doit exister entre la profondeur et la largeur de la bande de terre, en tenant compte seulement de la perfection du labour. Nous allons examiner maintenant ce que doit être ce rapport pour que le labour soit effectué avec le moins de force possible.

La résistance qu'un attelage doit vaincre pour exécuter un labour se compose de plusieurs éléments, tels que le frottement, la cohésion, l'adhérence, etc., dont l'étude ne rentre pas dans le cadre que nous nous sommes tracé. Nous parlerons seulement de l'influence que peut avoir le rapport en question sur l'augmentation ou la diminution de la force qu'il faut employer pour renverser une bande de terre que nous assimilerons à un parallélipipède droit. En d'autres termes, nous chercherons quel est le rapport qui doit exister entre la profondeur de la bande de terre et la largeur pour que la force motrice soit *minimum*.

Le travail dynamique nécessaire pour renverser une bande de terre étant proportionnel à la hauteur à laquelle on élève son centre de gravité, il nous faut, pour résoudre cette question, chercher quel est le rapport entre les deux dimensions de la bande correspondant à la moindre élévation de ce point. Or, si nous suivons les mouvements d'une bande de terre $abcd$ (fig. 23), qui passe de sa position naturelle à celle qu'elle doit occuper après le labour, nous voyons que le centre de gravité, qui se trouve d'abord à une hauteur oi, s'élève jusqu'au moment où, la diagonale ac devenant verticale, le point o se trouve à une hauteur égale à oc. Par ce premier mouvement, la bande de terre

4

occupe la position $c\,d'\,a'\,b'$; le centre de gravité se sera donc élevé de la quantité $oc - oi$; arrivée en ce point, la bande de terre retombe

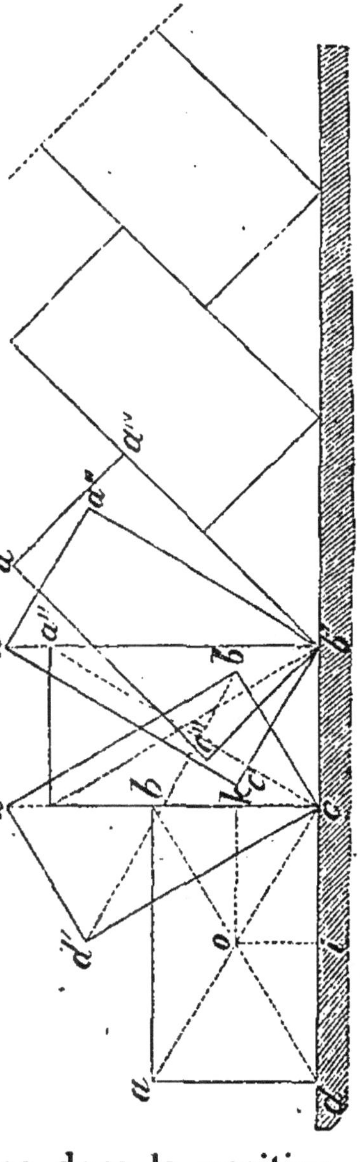

Fig. 23. — Positions qu'occupe une bande de terre dans les différentes phases de son renversement par la charrue.

d'elle-même dans la position $c\,d''\,a''\,b''$. La charrue continuant à agir sur elle, elle subit un nouveau mouvement de rotation autour de l'arête b'' et vient se placer en b'' c' d''' a'''; son centre de gravité s'élève de la quantité $o\,c$ — $o\,k$; puis elle retombe une seconde fois dans la position b'' c'' d^{iv} a^{iv}, qu'elle doit occuper après le labour.

La hauteur à laquelle le centre de gravité est élevé pour renverser une bande de labour est donc donnée par la somme des deux expressions que nous venons de trouver

$$(o\,c - o\,i) + (o\,c - o\,k),$$

ou

$$(\sqrt{o\,i^2 + i\,c^2} - o\,i) + (\sqrt{o\,i^2 + i\,c^2} - o\,k),$$

ou encore

$$1/2\,(\sqrt{l^2 + p^2} - p) + 1/2\,(\sqrt{l^2 + p^2} - l)\,[1].$$

Si nous cherchons maintenant dans quel cas cette quantité, qui exprime réellement la hauteur totale à laquelle on élève le centre de gravité, est *minimum*, nous trouverons que c'est lorsque le rapport $\frac{p}{l} = 0.577$, ou lorsque la profondeur est à la largeur comme 1 est à 1.73.

Comme on le voit, ce rapport s'éloigne sensiblement de celui qui existe entre les deux dimensions de la bande de terre lorsque le labour expose à l'air la plus grande surface possible; mais, si nous faisons intervenir une cause de résistance dont nous n'avons pas encore parlé, il nous sera peut-être possible de nous rapprocher du rapport 0.701, donné par l'inclinaison à 45°.

En effet, deux pièces de la charrue, le

(1) $l = $ la profondeur du labour; $p = $ la largeur du labour.

coutre et le soc, coupent la bande de terre verticalement et horizontalement avant que le versoir en effectue le renversement. Ces pièces éprouvent une certaine résistance qui est évidemment proportionnelle à l'étendue des surfaces de section. Or, pour un volume donné de la bande de terre, la surface de section sera la plus petite possible lorsque ses deux dimensions seront égales, c'est-à-dire lorsque le rapport qui existe entre elles sera égal à 1. Si nous prenons la moyenne entre ce rapport et celui que nous venons de trouver 0.577, nous aurons le nombre 0.78, qui se rapproche sensiblement du rapport (0.701), qui existe entre les deux dimensions du labour, lorsque la surface exposée à l'air est *maximum*.

Le tableau suivant donne, pour une série d'inclinaisons de la bande de terre :

1° Le rapport entre la profondeur et la largeur du labour ;

2° Le rapport de la surface géométrique ou absolue du champ à la surface exposée à l'air ;

3° Le rapport du volume de terre remué au volume des prismes triangulaires qui font saillie au-dessus du sol ;

4° Enfin, les variations de la force nécessaire pour renverser une bande de terre d'un volume donné, suivant les variations du rapport qui existe entre les deux dimensions.

Série d'inclinaisons de la bande de terre dont la profondeur invariable est égale à 1.	Rapport entre la profondeur et la largeur du labour.		Rapport entre la surface absolue du champ et la surface exposée à l'air.	Rapport entre le volume de terre remué et le volume des prismes triangulaires faisant saillie au-dessus du sol.	Variation de la force nécessaire pour renverser une bande de terre suivant les variations du rapport existant entre ses deux dimensions.
	Rapport indiqué.	Rapport calculé.			
90°.	:: 1 : 1	1.000	:: 1 : 1	:: 1 : 0.000	1.1265
80°.	:: 1 : 1.015	0.985	:: 1 : 1.157	:: 1 : 0 086	1.1228
70°.	:: 1 : 1.062	0.941	:: 1 : 1.279	:: 1 : 0.169	1.1000
60°.	:: 1 : 1.154	0.856	:: 1 : 1.366	:: 1 : 0.250	1.0640
50°.	:: 1 : 1.306	0.765	.: 1 : 1.408	:: 1 : 0.321	1.0287
45°.	:: 1 : 1.414	0.707	:: 1 : 1.414	:: 1 : 0.352	1.0155
40°.	:: 1 : 1.555	0.643	:: 1 : 1 409	:: 1 : 0.382	1.0038
36°.	:: 1 : 1.702	0.587	:: 1 : 1.3969	:: 1 : 0.404	1.0012
35° 15′.	:: 1 : 1.732	0.577	:: 1 : 1.3943	:: 1 : 0.4084	1.0015
35°.	:: 1 : 1.742	0.574	:: 1 : 1.393	:: 1 : 0.409	1.0000
30°.	:: 1 : 1.999	0.500	:: 1 : 1.366	:: 1 : 0.433	1.0068
20°.	:: 1 : 2.923	0.342	:: 1 : 1.281	:: 1 : 0.469	1.0610
10°.	:: 1 : 5 758	0.173	:: 1 : 1.158	:: 1 : 0.492	1.1700
5°.	:: 1 : 11.478	0.087	:: 1 : 1.082	:: 1 : 0.497	1.2580
2°.	:: 1 : 28.657	0.0348	:: 1 : 1 034	:: 1 : 0.4997	1.3180

CHAPITRE V

Direction à donner aux labours.

La direction que l'on doit donner aux labours ne peut pas être déterminée *à priori*. Elle dépend de la forme géométrique des champs et de l'aspect que présente leur surface.

Si le sol est imperméable et que les dérayures soient destinées à devenir des raies d'écoulement, il faudra labourer dans le sens de la plus grande pente, afin que les eaux pluviales puissent s'égoutter facilement. Si, cependant, la pente du terrain était très-grande, et que le ravinement par les eaux fût à craindre, il faudrait donner au labour, et par conséquent aux dérayures, une direction oblique afin de diminuer leur pente, de ralentir la vitesse des eaux, et de les empêcher d'occasionner des dégâts.

Dans les terres qui ne sont pas assez inclinées pour que les animaux ne puissent pas travailler dans le sens de la plus grande pente, cette direction est incontestablement la meilleure. C'est la seule qui permette de donner à la bande de terre une inclinaison régulière et toujours la même des deux côtés de la planche. En suivant une direction oblique, au contraire, on renverse la terre tantôt de bas en haut, tantôt de haut en bas; c'est-à-dire d'une manière incomplète ou tout à fait sens dessus dessous. Cette direction, quoique mauvaise, est inévitable dans les terres qui offrent beaucoup de pente; on doit sacrifier, dans ce cas, la perfection du labour à la possibilité de son exécution.

Dans les labours de cette nature, les animaux ont à vaincre deux difficultés exceptionnelles provenant de la nature du sol. Ce sont : la pente qu'ils gravissent et le renversement, toujours très-difficile, de la bande dé terre de bas en haut. Or ces difficultés s'ajoutent, ou sont rencontrées, à la fois, en labourant de droite à gauche dans le sens de la flèche B (fig. 24); elles se divisent, au

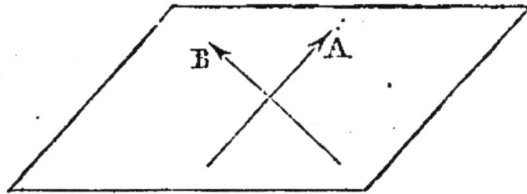

Fig. 24. — Détermination de la direction
à donner aux labours.

contraire, lorsque le labour a lieu de gauche à droite, dans le sens de la flèche A. Ainsi, en admettant que l'on se trouve placé sur le côté qui limite la partie inférieure du champ, la direction du labour doit être de gauche à droite, plutôt que de droite à gauche.

Dans les terres perméables, offrant peu ou point de pente, la forme géométrique du champ doit seule déterminer la direction à donner aux labours. Avoir de longs rayages pour éviter la perte de temps qn'entraînent les tournées, tel est le but que l'on doit se proposer dans le cas qui nous occupe.

Le tableau suivant donne une idée de l'importance que l'on doit attacher, sous le rapport de l'économie du temps, à la longueur du rayage. Il est calculé pour un hectare et en admettant qu'il faille 30 secondes[1], pour faire une tournée, à un attelage de deux chevaux ; et 35, à un attelage de deux bœufs. Nous admettons également que les bandes de terre ont une largeur de 0m.25.

Si, au lieu de se composer de deux animaux, les attelages en avaient trois ou quatre, le temps employé pour faire une tournée serait beaucoup plus grand.

Temps perdu pour les tournées suivant diverses longueurs de rayage pour le labour d'un hectare avec un attelage de deux animaux.

Longueur du rayage.	Nombre de tournées dans un hectare.	Temps employé dans les tournées.	
		Chevaux.	Bœufs.
100 m.	400	200 secondes	233 second.
200	200	100	116
300	133	66	77
400	100	50	58
500	80	40	46
600	66	35	38
700	57	28	33
800	50	25	29
900	44	22	26
1,000	40	20	23

Nous ferons remarquer que lorsque la longueur du voyage est de 500 mètres, le temps employé aux tournées ne peut pas être considéré comme perdu. Il sert, en partie, à donner aux animaux un repos nécessaire.

(1) En mettant 30 secondes nous ne tenons pas compte du temps perdu pour *faire souffler* les animaux ni de celui que l'on emploie pour décrotter la charrue.

CHAPITRE VI

Conduite et manœuvre de la charrue.

Dans beaucoup d'exploitations, on con-
serve encore la détestable et sauvage habi-
tude de faire traîner la charrue sur les che-
mins et dans les champs pour la conduire
de la ferme à l'endroit où l'on veut labourer.
Quand on songe aux inconvénients que présente une pareille négligence, et qu'on les
compare à la faible dépense qu'occasionne
un traîneau, on a de la peine à comprendre
qu'il existe des cultivateurs intelligents dont
le domaine n'a pas encore été l'objet d'une
semblable amélioration. Dans quelques dé-
partements, les préfets ont dû prendre des
arrêtés pour défendre, dans l'intérêt de la
voirie, le transport des charrues sur les che-
mins publics, à moins qu'elles ne soient
placées sur des traîneaux ou des charrettes,
tant il est vrai que le bien arrive souvent
par les voies les plus détournées et malgré
la volonté de ceux auxquels il s'adresse.

Les traîneaux que l'on emploie pour transporter les charrues aux champs sont très-
nombreux; mais celui qui présente les meil-
leures conditions d'économie, de solidité et
de simplicité, se trouve représenté par la figure 25, montrant une charrue prête à être

Fig. 25. — Charrue montée sur son traineau prête à être transportée dans les champs.

attelée pour être conduite sur le lieu du labour. Ce traîneau est formé de deux pièces en bois formant patin et réunies entre elles par les trois traverses *a b c*. Sur la traverse *c* se trouve une tige verticale destinée à pénétrer dans une maille *f*, placée à gauche, sur l'age de la charrue. Derrière cette tige, et sur la même traverse, il en est une autre moins longue, pénétrant sous la charrue et destinée à empêcher le sep de l'instrument de glisser vers la gauche.

Lorsque l'on veut transporter une charrue aux champs, on la place sur le traîneau de manière à engager la tige *d* dans la maille *f*. On attache la chaîne de la charrue au crochet *g*, on fait descendre le régulateur le plus possible, et l'on attelle les chevaux au crochet de la charrue.

La charrue à deux mancherons possède, entre autres avantages, celui de permettre au charretier de marcher dans la raie, d'avoir, par conséquent, constamment les yeux sur la ligne qu'il doit suivre, de juger ainsi de sa rectitude et de corriger les irrégularités qui peuvent se présenter. Pour opérer ces corrections, il faut voir de loin les sinuosités que l'on veut rectifier; aussi un bon laboureur a-t-il rarement les yeux fixés sur sa charrue, dont il ne regarde, dans les circonstances ordinaires, que le bout de l'age. De cette façon, il juge mieux qu'en regardant au-dessus du versoir, de la largeur que prend son instrument, ainsi que de la direction qu'il suit.

Quant à la manière de tenir les mancherons, il faut que le laboureur ne perde jamais de vue que la charrue doit être réglée de telle sorte, qu'elle marche presque d'elle-même sans qu'il soit nécessaire de lui donner une impulsion quelconque, autrement que dans les circonstances extraordinaires.

Pour que le laboureur ressente le moins possible les réactions causées par les divers mouvements de la charrue ; pour que, d'un autre côté, il ne l'empêche pas involontairement de reprendre sa position normale quand elle ne s'en écarte qu'accidentellement et légèrement, les mancherons doivent être *tenus*, mais point *serrés*. Serrer les mancherons est un défaut commun aux apprentis, qui croient que la force peut remplacer l'adresse dans un travail où l'intelligence joue un bien plus grand rôle qu'on ne le pense généralement. S'il en fallait une preuve, je la trouverais dans ce fait, que tout le monde peut avoir observé : c'est que le meilleur laboureur d'une ferme en est aussi, ordinairement, l'employé subalterne le plus intelligent.

Les mouvements du corps doivent être souples, et, autant que possible, en harmonie avec ceux des animaux. Pendant la marche, ces derniers abaissent et relèvent successivement le point d'attache de la force, augmentent et diminuent, par conséquent, tour à tour, la profondeur du labour. Or les charretiers habiles se mettent au pas avec leurs animaux et font en sorte que chaque mouvement du point d'attache de la force, tendant à donner de la profondeur au labour, corresponde à un second mouvement du laboureur sur les mancherons, ayant un résultat contraire et neutralisant nécessairement le premier. Si, en effet, les chevaux et le charretier allongent en même temps le pas, par ce mouvement les premiers abaissent la ligne de tirage et donnent plus de profondeur au labour ; le second, au contraire se baisse, appuie naturellement et presque involontairement sur les mancherons, et produit l'effet opposé.

L'égalité dans la profondeur est, parmi les conditions d'un bon labour, celle à laquelle un charretier expérimenté doit attacher le plus d'importance. On l'obtient en tenant la charrue bien d'aplomb et en faisant faire au soc une section parallèle à la surface du sol. Pour arriver à ce résultat, le charretier doit se tenir un peu penché en avant, en s'appuyant légèrement et également sur les deux mancherons. Il doit marcher de plus dans la raie, pour pouvoir juger plus sûrement de sa rectitude et maintenir aisément la charrue dans la position qu'elle doit occuper.

Lors même qu'un labour est fini, il est facile de reconnaître, à l'inspection de la surface labourée, s'il a été fait d'une manière convenable et à une profondeur égale. Toutes les fois, en effet, que les conditions d'un bon labour sont satisfaites, les bandes de terre se détachent au-dessus du sol en affectant une inclinaison uniforme et donnent à la surface du champ l'aspect d'une grande régularité. Dans le cas contraire, les bandes de terre très-épaisses apparaissent au-dessus de celles qui sont minces, et la surface labourée offre une irrégularité dont il est facile de déterminer la cause. •

L'égalité dans la largeur du labour, quoique moins essentielle que celle de la profondeur, est cependant à considérer. Il est inutile d'en démontrer l'importance, et, quant aux moyens de l'obtenir, la pratique et l'expérience peuvent seules l'apprendre. Nous dirons seulement que la rectitude de la raie est une condition *sine quâ non* pour donner à la bande une largeur uniforme ; à moins cependant que la courbe ne soit très-régulière et toujours dans le même sens. Dans ce cas, la charrue prendra la même bande dans toute la longueur d'une raie ; mais elle détachera, pour un même règlement, des bandes plus larges lorsqu'elle marchera du côté convexe que lorsqu'elle marchera du côté concave du labour.

CHAPITRE VII

Des labours en planches.

Avant de donner la manière d'exécuter les planches dans le labour, nous dirons tout ce qui est relatif aux *enrayures*, aux *dérayures*, aux *andos* et aux *tournées*.

Enrayures. — Rien n'est plus facile que de tracer une enrayure dans un champ qui est soumis depuis quelques années à des labours réguliers et bien faits. Dans ce cas, c'est toujours dans la dérayure du labour précédent que l'on enraye, de manière que l'attelage, aussi bien que le charretier, a, pour se diriger, une ligne parfaitement tracée.

Dans un sol neuf ou dans un sol qui ne porte aucune raie, le laboureur est forcé d'avoir recours aux jalons pour marquer la ligne qu'il doit suivre. Les charretiers habiles ne se servent que d'un seul jalon, qu'ils placent au bout de la raie ; ils regardent entre les deux animaux, et la moindre déviation de ces derniers hors de la direction déterminée n'échappe pas à leur œil exercé. Il est quelquefois nécessaire, vu la longueur du rayage et l'inégalité du terrain, de mettre plusieurs jalons qui déterminent, mieux qu'un jalon unique, la ligne droite que les

animaux doivent suivre. D'autres fois, les
charretiers se contentent de mettre un jalon
au bout de la raie et un autre sur l'age de la
charrue. On remarquera que ce jalon mobile, représenté ordinairement par le fouet
lui-même, qui a du reste l'inconvénient
d'être placé trop près de l'homme, est peu
fait pour déterminer une ligne invariable-
ment droite. Je préférerais viser un point
quelconque, placé au delà du jalon qui se
trouve au bout de la raie..Ce point est d'ailleurs toujours facile à trouver, parce qu'on
peut le prendre à une distance quelconque.
Ce sera un arbre, le bord d'un bois, d'une
haie ou d'un mur, ou bien une maison, la
cime d'une montagne, etc.

Dérayure. — Pour qu'une dérayure soit
droite et bien faite, il est essentiel que le labour s'avance sur deux lignes parfaitement
parallèles. Si cette condition indispensable
n'était pas satisfaite naturellement, on de-
vrait faire les parties de raies, et les tournées
à vide nécessaires, pour y parvenir.

Si les chevaux sont de forte taille, il arrive
quelquefois que celui de gauche, ne pouvant
pas marcher librement sur le bord du guéret,
tombe de temps en temps dans la raie et dé-
range la direction du labour. Dans ce cas, on
devra défaire la quenouille et allonger la
longe qui unit l'un à l'autre les deux animaux, afin que chacun d'eux puisse suivre
la raie qui se trouve de son côté. En changeant la position de l'un des deux animaux,
qui se trouve ainsi placé beaucoup plus sur
la gauche, la charrue prendra plus de raie

que précédemment si l'on n'a pas eu soin de
la régler en conséquence.

Lorsque le labour se présente sur deux
lignes parfaitement parallèles
et qu'il ne reste plus que la largeur de deux raies à labourer,
au lieu de donner à l'avant-dernière raie la profondeur ordinaire du labour, on règle la
charrue de manière à ne prendre que la moitié de cette profondeur. On laisse, par conséquent, au-dessous de l'avant-
dernière raie une fraction de
bande que l'on nomme *frayon*,
et qui a pour but de ménager à
la charrue un point d'appui
pour l'empêcher d'être repous-
sée dans la raie qui se trouve à
sa gauche, lorsqu'elle devra
renverser la dernière bande de
terre. Dans les labours ordinaires, on laisse le frayon et on
l'enlève au contraire dans les
labours de semailles, en ayant
soin de le jeter du côté opposé
à celui où se trouve la bande de
terre que l'on a enlevée au-dessus de lui. De cette manière, la
dérayure sera parfaitement sy-
métrique et régulière, puisqu'il
y aura de chaque côté une petite
bande, ainsi que le représente la figure 26.

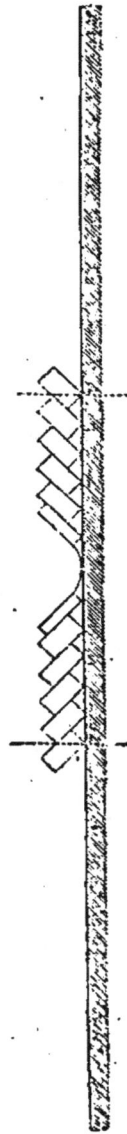

Fig. 26. — Coupe d'une dérayure après enlèvement du frayon.

Des andos. — On nomme *planche de labour*, ou simplement *planche*, l'espace com-

pris entre deux dérayures ou entre une dérayure et le bord du champ.

Une planche peut être labourée de deux manières :

1° En enrayant sur les deux côtés de la planche et en continuant le labour de manière à finir ou à dérayer au milieu.

2° En enrayant au milieu et en tournant tout autour de cette enrayure de manière à finir sur les deux extrémités de la planche.

Dans le premier cas, on dit que l'on *refend* ou que l'on fait un labour en refendant ; dans le second, on dit que l'on *andosse* ou que l'on fait un labour en andossant.

On donne le nom d'*andos* aux premières raies que l'on fait dans une planche que l'on veut andosser. On en distingue trois espèces, que nous allons décrire successivement.

Premier système d'andos. Ce système consiste à retourner les deux premières bandes de terre l'une contre l'autre, et la seconde un peu au-dessus de la première. Si entre ces deux premières raies on veut laisser très-peu de terre non labourée, on fait la seconde en engageant la charrue un peu au-dessous de la première bande, afin de la pousser en partie dans la jauge d'où elle a été tirée. Cette jauge étant à moitié comblée, on ne saurait y renverser une bande ordinaire sans causer, au milieu du labour, une saillie aussi disgra-cieuse pour la vue que nuisible à la perfec-tion du travail. On prend alors une bande plus mince et moins large et on ne donne à la charrue la largeur et la profondeur ordinaires qu'après le second tour.

Deuxième système d'andos. Pour exécuter un andos suivant ce système, il faut prendre d'abord une bande peu profonde *a* (fig. 27), revenir ensuite dans la même raie et prendre une seconde bande *b* (fig. 28), aussi mince que la première, que l'on renverse dans le sens opposé; au-dessous de cette seconde bande, en prendre une autre et les renverser ensemble dans la jauge ouverte (fig. 29); enfin, prendre encore une bande de terre au-dessous de la bande de terre *a*, et les renverser au-dessus de celles précédemment retournées (fig. 30). Arrivé en ce point, l'andos ne peut pas encore être considéré comme fini. Les jauges ouvertes, en effet, d'un côté et de l'autre, sont peu profondes, et il serait impossible d'y renverser une bande de terre ordinaire d'une manière convenable et sans donner à l'andos une hauteur trop grande. On augmente alors insensiblement et progressivement la profondeur du labour de manière à n'arriver à la profondeur ordinaire qu'au quatrième ou au cinquième tour. Cette augmentation successive de la profondeur donne à la planche une convexité régulière aussi gracieuse dans sa forme qu'utile dans ses résultats.

Troisième système d'andos. Pour exécuter cet andos, on prend une raie peu profonde *a* (fig. 31), et immédiatement à côté on en prend une autre *b* (fig. 32) avec la profondeur ordinaire du labour. Par un second tour que l'on fait avec la charrue, on renverse dans la jauge ouverte la bande *b* avec une autre bande d'une faible épaisseur que l'on prend au-dessous d'elle, de manière à obtenir la disposition représentée par la figure 33 ; on renverse ensuite la bande *a*

Fig. 27. — Coupe d'un andos après le renversement de la première bande de terre.

Fig. 28. — Coupe d'un andos après le renversement de la deuxième bande de terre.

Fig. 29. — Coupe d'un andos après le renversement de la troisième bande de terre.

Fig. 30. — Coupe d'un andos après le renversement de la quatrième bande de terre.

également avec une autre bande que l'on prend au-dessous (fig. 34). On continue, comme pour le précédent andos, en augmentant successivement la profondeur du labour jusqu'au quatrième ou cinquième tour.

Pour les défrichements de gazons, les la-

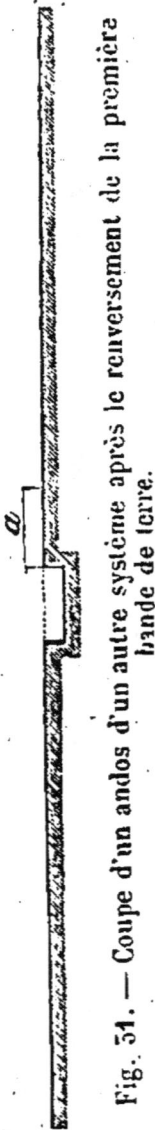

Fig. 31. — Coupe d'un andos d'un autre système après le renversement de la première bande de terre.

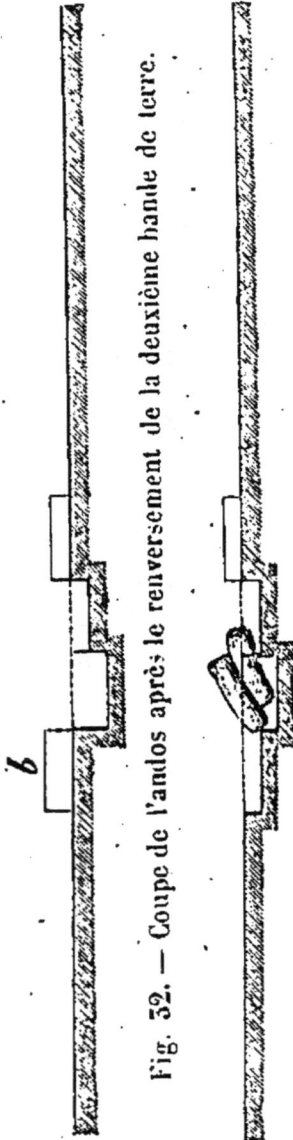

Fig. 32. — Coupe de l'andos après le renversement de la deuxième bande de terre.

Fig. 33. — Coupe de l'andos après le renversement de la troisième bande de terre.

Fig. 34. — Coupe de l'andos après le renversement de la quatrième bande de terre.

bours de déchaumage et quelquefois même pour les labours ordinaires, on fait un quatrième andos qui ressemble beaucoup au

5

premier ; seulement les deux premières bandes, au lieu de se superposer, ne font que se joindre, de sorte qu'il reste au-dessous d'elles une largeur de raie non labourée.

Le premier système d'andos est employé dans les labours ordinaires, surtout dans les champs où il existe d'anciennes dérayures qu'il est utile de combler. Le second et le troisième sont employés dans les terres que l'on vient de défricher, ainsi que dans les labours de défoncement ; on les emploie, enfin, toutes les fois que, par une raison quelconque, on désire défoncer également partout la couche arable.

Tournées. — Lorsque les animaux passent d'une raie à une autre en labourant une planche, ils font ce que l'on appelle une *tournée*. La longueur d'une tournée est calculée par la distance qui sépare les deux raies pour lesquelles on l'a faite ; mais on comprend aisément que la longueur réelle ou le chemin parcouru par les animaux est bien plus grand. Ainsi, dans la plus petite tournée, que l'on nomme encore tournée à *cul* ou à *zéro*, les animaux parcourent un chemin qui est égal à la moitié d'une circonférence qui a pour rayon environ 5 mètres. La longueur réelle de la première tournée que l'on fait en andossant une planche est donc de $5 \times 3^m.14$ ou $15^m.70$.

Le chemin parcouru dans les autres tournées n'augmente pas sensiblement jusqu'au moment où ce que l'on appelle (et ce que nous appellerons nous-même) la *longueur* de la tournée, ne dépasse pas 5 mètres ; mais au delà de cette limite, il faut, pour avoir le chemin parcouru, ajouter à la première tournée (15^m.70) la longueur de la tournée diminuée de 5 mètres. Ainsi, supposons que nous voulions labourer, en andossant, une planche de 10 mètres, en prenant une largeur de raie de 0^m.25. Pour les vingt premières raies, le chemin parcouru pour les tournées sera constamment, à peu de chose près, de 15^m.70; mais pour la vingt et unième il sera de 15^m.70 + (5^m.25 − 5) ou 15^m.70 + 0^m.25;

Pour la vingt-deuxième, 15^m.70 + 0^m.50;

Pour la vingt-troisième, 15^m.70 + 0^m.75 et ainsi de suite;

Et pour la quarantième 15^m.70 + 5.

Ainsi, le chemin parcouru pour les vingt premières raies sera

$$15.70 \times 20 = 314$$

Et pour les vingt dernières il sera égal à la tournée moyenne multipliée par 20, qui est le nombre des tournées, soit

$$\frac{15.70 + 15.70 + 5}{2} \times 20 = 364$$

En ajoutant ces deux résultats, on a 678 mètres qui ont été parcourus inutilement pour les tournées. Si l'on tient compte de la lenteur avec laquelle les animaux parcourent cette distance, ainsi que des moments d'arrêt, on verra que ce n'est pas trop augmenter ce chiffre que de le porter à l'équivalent de 1,000 mètres de longueur de raie, c'est-à-dire 250 mètres carrés de labour. Or ces 250 mètres seront le quart du labour effectué, si la planche de 10 mètres que l'on a labourée a 100 mètres de longueur ; ils en seront le huitième si cette planche a 200 mètres, le seizième si elle a 400 mètres, et ainsi de suite. C'est une nouvelle preuve de l'importance que l'on doit attacher à la longueur du rayage.

Les tournées à *cul* ou à *zéro* s'exécutent assez promptement, mais elles sont pénibles pour les animaux et occasionnent souvent de petits accidents dont le moindre inconvénient est de causer une perte de temps. D'un autre côté, les tournées longues sont faciles pour les animaux, mais elles font perdre un temps précieux et on doit par conséquent les éviter autant que possible.

Puisque l'on doit éviter à la fois les tournées trop grandes et les tournées trop petites, on devra s'attacher à avoir la tournée moyenne la plus avantageuse de toutes les tournées : c'est celle dont la longueur est égale à la longueur de l'attelage, c'est-à-dire à 5 mètres pour les attelages à deux chevaux et 8 mètres pour ceux à quatre chevaux. On nomme cette tournée *tournée normale*.

En refendant une planche, il peut arriver que la dérayure ne tombe pas naturellement sur la ligne que l'on désire lui faire occuper. On est forcé alors de faire avancer le labour du côté où il est en retard et de retourner pour cela, d'un bout à l'autre de la raie, sans labourer. C'est ce que l'on appelle faire une *tournée à vide*.

Il nous reste maintenant à dire de quelle manière la tournée doit être effectuée.

C'est à tort que dans certains pays les charretiers arrêtent l'attelage, soit au bout de la raie, soit au milieu de la tournée. Ils attachent même peu d'importance à avoir des raies de labour finissant toutes sur la même ligne et laissant une *fourrière franche*, c'est-à-dire également large sur tous ses points. Lorsque le laboureur arrive au bout de la raie, il doit peser fortement sur les mancherons, et par un second mouvement qui suit immédiatement le premier, renverser la charrue sur le versoir. Pendant que l'attelage continue à marcher, le charretier tient la charrue par le mancheron gauche et la fait traîner sur l'aile du soc. Les animaux, s'ils sont bien dressés, vont se placer dans la raie et s'arrêtent. Pendant cet arrêt, le charretier décrotte sa charrue, la place en face de la ligne qu'il doit suivre, se met en position de labourer et donne la voix à l'attelage. Lorsque la pointe du soc arrive juste au bout de la fourrière, le laboureur lève lestement les mancherons et le labour se fait.

CHAPITRE VIII

Description et exécution des labours.

Nous avons étudié jusqu'à présent tous les éléments d'un bon labour; il nous reste à trouver maintenant une méthode, ou des méthodes convenables pour arriver à son exécution.

Pour faire un bon labour il ne suffit pas que les enrayures, les dérayures et les andos soient bien faits, que les raies soient droites et les bandes de terre parfaitement égales et uniformément inclinées à l'horizon; il faut encore que les planches soient disposées de telle sorte que, sans perte de temps et sans tournées à vide, on puisse, par un second labour, combler les dérayures du premier en y faisant un andos, et effacer les andos en y établissant des dérayures.

Il faut aussi combiner les labours et la largeur des planches de telle sorte que l'on évite les grandes tournées, qui sont une perte de temps, et celles à *cul* ou à *zéro*, qui sont pénibles et difficiles, surtout pour les animaux de forte taille et les juments poulinières; il faut, en un mot, que les tournées moyennes soient, autant que possible, égales à la *tournée normale*.

Ceci posé, nous diviserons les labours en

labours en planches *larges*, *moyennes* et *étroites.* Nous appellerons larges, les planches qui ont environ quatre fois la tournée normale (20 mètres environ); moyennes celles qui ont deux fois la tournée normale, et étroites celles qui ont une largeur égale à cette même tournée.

I. — *Labours en planches larges.*

Après avoir déterminé la direction suivant laquelle on devra donner le labour, on divisera la largeur [1] du champ en un nombre exact de demi-planches, division qui est toujours possible, puisqu'il est toujours indifférent que les demi-planches aient 9, 10 ou 11 mètres de largeur.

Supposons, pour fixer les idées, que la largeur du champ soit divisible par 10, et que l'on ait, par conséquent, un nombre exact de demi-planches de 10 mètres; on andosse la première demi-planche, c'est-à-dire que l'on enrayera à 5 mètres du bord du champ, et que l'on tournera en labourant autour de cette enrayure jusqu'à ce que la première demi-planche soit finie (fig. 35).

On passe ensuite à la troisième demi-planche, qui sera labourée absolument de la même manière que la première (fig. 36).

Entre la première et la troisième demi-planche, il reste la deuxième que l'on refend en se servant comme enrayures des

(1) Nous nommons largeur du champ l'un ou l'autre des deux côtés sur lesquels aboutissent les raies du labour, soit que ces côtés soient les plus grands ou les plus petits.

Fig. 35. — Coupe du terrain après le labour de la première demi-planche.

Fig. 36. — Coupe du terrain après le labour de deux demi-planches.

Fig, 37. — Coupe du terrain après le labour des trois premières demi-planches.

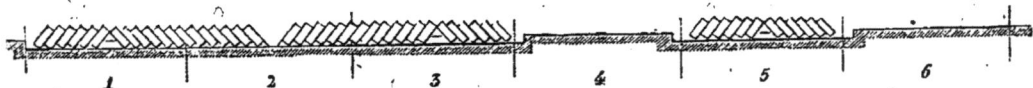

Fig. 38. — Coupe du terrain après le labour de quatre demi-planches.

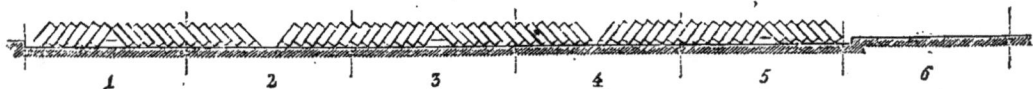

Fig. 39. — Coupe du terrain après le labour des cinq premières demi-planches.

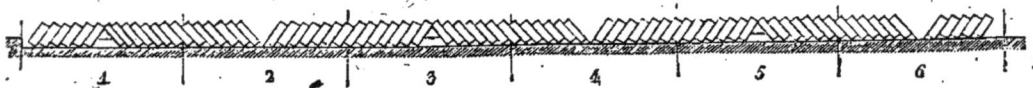

Fig. 40. — Coupe d'un terrain labouré en planches larges.

deux raies qui restent ouvertes par le labour des deux demi-planches précédemment labourées (fig. 37). Au milieu de la deuxième demi-planche, c'est-à-dire à 15 mètres du bord du champ, se trouvera la première dérayure.

Lorsque les trois premières demi-planches sont labourées, on va andosser la cinquième (fig. 38) pour refendre ensuite la quatrième (fig. 39). Enfin on continue le labour en andossant les planches numéros impairs, et en refendant les demi-planches numéros pairs.

Si nous cherchons maintenant à nous rendre compte des résultats de la méthode que nous avons suivie, aussi bien sous le rapport de la longueur des tournées que sous celui de l'état du champ après le labour, nous verrons :

1° Que la tournée moyenne aura toujours été égale à la tournée normale puisque nous n'avons jamais labouré (soit en andossant, soit en refendant), que des planches de 10 mètres, dans lesquelles la plus grande tournée est de 10 mètres et la plus petite de 0 ;

2° Que la première dérayure est à 15 mètres du bord du champ et toutes les autres distantes entre elles de 20 mètres.

3° Que la dernière dérayure sera au milieu de la dernière demi-planche refendue, et par conséquent, à 5 mètres du bord du champ si cette demi-planche porte un numéro pair (fig. 40), et à 15 mètres du bord si elle porte un numéro impair (fig. 39).

Les figures 35, 36, 37, 38, 39 et 40 représentent la marche du labour suivant le système que nous venons de décrire. La première représente la coupe transversale du champ au moment où la première demi-planche est labourée, la seconde la même coupe au moment où deux demi-planches sont labourées, et ainsi de suite jusqu'à la sixième ou dernière qui représente la coupe du champ au moment où il est complétement labouré.

Supposons maintenant que l'on veuille donner un second labour. Il est évident que si l'on andosse la seconde demi-planche et que l'on refende la première, puis que l'on andosse la quatrième et refende la troisième, et ainsi de suite en refendant toutes les demi-planches qui ont été andossées par le premier labour, et andossant celles qui ont été refendues, c'est-à-dire en faisant le contraire de ce qui a été fait dans le premier labour, nous aurons :

1° Des tournées moyennes égales aux tournées normales ;

2° La première dérayure qui sera au milieu de la première demi-planche, et toutes les autres à 20 mètres de distance ;

3° La dernière dérayure qui sera au milieu de la dernière demi-planche refendue, et par conséquent à 15 mètres du bord du champ dans le cas qui nous occupe. Elle serait à 5 mètres du bord du champ si la dernière demi-planche portait un numéro impair.

En examinant successivement les fig. 41,

1   2   3   4   5   6

Fig. 41. — Coupe du champ après le second labour de la seconde demi-planche.

1   2   3   4   5   6

Fig. 42. — Coupe du champ après le second labour de la première planche.

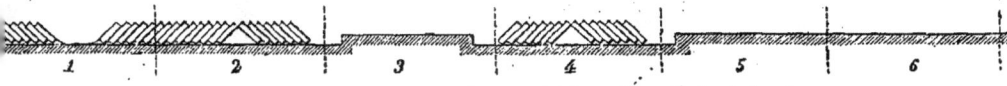

1   2   3   4   5   6

Fig. 43. — Coupe du champ après le second labour de trois demi-planches.

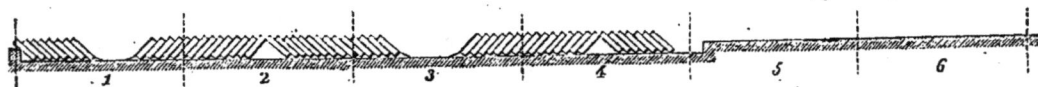

Fig. 44. — Coupe du champ après le second labour des quatre premières demi-planches.

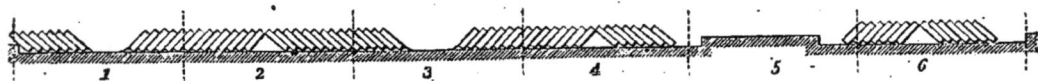

Fig. 45. — Coupe du champ après le second labour de cinq demi-planches.

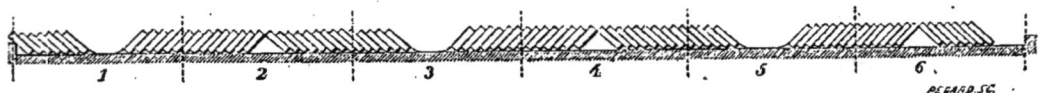

Fig. 46. — Coupe du champ après le second labour en planches larges.

42, 43, 44, 45 et 46, on aura une idée exacte de la marche du labour ; des diverses modifications que subit le champ après le labour de chaque demi-planche, et enfin de l'aspect du champ quand il sera complétement labouré, comme dans la fig. 46.

Règle générale. *Pour labourer un champ en planches larges, il faut le diviser en un nombre exact de demi-planches, andosser les demi-planches numéros impairs et refendre les demi-planches numéros pairs. Faire le contraire pour le second labour.*

Ce système de labour est avec raison celui qui est le plus communément usité dans les environs de Paris, et en général dans tous les pays où les travaux agricoles sont bien entendus. Il ne présente en effet aucun inconvénient, à moins qu'on ne veuille considérer comme tel, les fractions de planches qui se trouvent aux extrémités. Quoique cet inconvénient n'en soit réellement pas un, nous allons donner un système par lequel on peut l'éviter, lorsque le premier labour n'est pas suivi d'un second.

Il faut, pour cela, diviser la largeur du champ en un nombre exact de planches entières (fig. 47), puis enrayer aux six huitièmes de la largeur de la première planche, à partir du bord du champ, et andosser six huitièmes de chaque côté, ou les trois quarts de la planche entière (fig. 48). Après ce labour on va, au milieu de la seconde planche, andosser la valeur d'une demi-planche (fig. 49); puis on refend la demi-planche qui reste au milieu, et le champ se présente comme il est indiqué fig. 50. Lorsqu'on arrive à la dernière planche, on andosse en enrayant aux trois huitièmes de cette planche, à partir du bord du champ, trois quarts de planche (fig. 51), et l'on refend la demi-planche qui reste au milieu (fig. 52).

Si nous prenons maintenant un exemple chiffré pour faciliter l'intelligence de ce système; si nous supposons que les trois planches dans lesquelles on a divisé le champ aient 20 mètres chacune : nous verrons qu'il faudra, pour ce mode de labourage, enrayer à 7^m.50 du bord du champ et andosser 15 mètres, aller andosser au milieu de la seconde planche 5 mètres de chaque côté et refendre les 10 mètres qui restent entre le premier et le second labour; continuer ainsi jusqu'à la dernière planche pour laquelle il faut encore enrayer, comme pour la première, à 7^m.50 du bord du champ; refendre enfin la demi-planche qui reste à labourer.

Si nous examinons successivement chaque planche de labour, nous verrons qu'elles ont toutes 20 mètres. En effet, la première a été formée en andossant d'abord 7^m.50 de chaque côté, c'est-à-dire 15 mètres, et en refendant ensuite une planche de 10 mètres, qui était à côté d'elle et à sa droite, on lui a ajouté 5 mètres, ce qui lui donne 20 mètres. La dernière a été formée absolument de la même manière que la première; elle a, par conséquent, 20 mètres. Quant aux autres planches, elles sont formées toutes par une planche de 10 mètres andossée au milieu, et

c

Fig. 47. — Division du champ en trois planches pour l'exécution des labours d'après un second système.

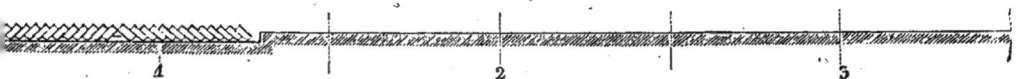

— 96 —

Fig. 48. — Coupe du champ après le labour des trois-quarts de la première planche.

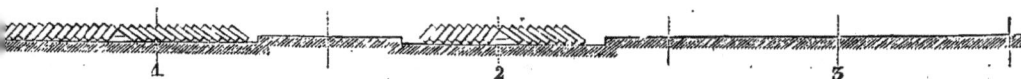

Fig. 49. — Coupe du champ après le labour d'une partie des deux premières planches.

Fig. 50. — Coupe du champ après le labour des deux premières planches.

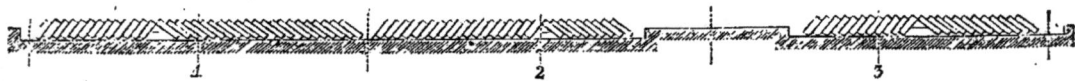

Fig. 51. — Coupe du champ après le labour d'une partie de la troisième planche.

Fig. 52. — Coupe du champ après l'achèvement du labour en trois planches.

la moitié de deux planches de 10 mètres refendues de chaque côté.

Il est évident que si l'on voulait donner un second labour, l'avantage que présente ce système sur celui décrit précédemment, avantage qui consiste à diviser le champ en planches parfaitement égales, disparaît complétement. Bien plus, comme il doit y avoir après le second labour une dérayure partout où il y a un andos, on aura une première planche de 7ᵐ.50, une seconde·de 22ᵐ.50, puis des planches de 20 mètres, et enfin l'avant-dernière planche aura comme la seconde 22ᵐ.50, et la dernière 7ᵐ.50. Un autre inconvénient de ce système de labour, c'est que la tournée moyenne, pour la première et la dernière demi-planche, est égale à 7ᵐ.50.

Il existe un troisième et dernier système de labour en planches larges, qui a, comme le précédent, l'avantage de disposer le champ en planches d'une largeur régulière, et l'inconvénient d'offrir quelques irrégularités pour le second labour; le voici :

Supposons que la largeur du champ soit divisible par 20. On laisse 5 mètres de chaque côté du champ, et on laboure ce qui reste, absolument de la même manière que dans le premier système. On a évidemment partout des planches de 20 mètres, à l'exception de la première et de la dernière, qui n'en ont que 15; mais on les complète en andossant en même temps qu'on laboure la fourrière, les 5 mètres ménagés sur les bords du champ [1]. Les fig. 53, 54,

(1) La *fourrière* ou *cheintre* est la partie sur laquelle

55, 56, 57 et 58 représentent la marche successive du labour suivant ce système.

Le second labour vient diminuer, par ses inconvénients, les avantages que présente le premier. Il est visible, en effet, que, pour combler les enrayures et effacer les andos, il faut faire, dans le second labour, l'inverse de ce qui a été fait dans le premier, c'est-à-dire labourer d'abord les fourrières et les deux bandes de 5 mètres qui se trouvent sur les deux côtés du champ, et continuer pour le reste, en andossant ce qui a été refendu, et réciproquement. On peut éviter cet inconvénient, mais ce n'est qu'à la condition de faire une *fausse dérayure* [1] à 5 mètres de chacun des bords du champ. Il faut, pour cela, faire abstraction des deux bandes de 5 mètres que l'on a labourées précédemment avec les fourrières, et agir pour le reste absolument de la même manière que pour le second labour dans le premier système, c'est-à-dire refendre les demi-planches numéros pairs et andosser les demi-planches numéros impairs. On laboure ensuite en tournant autour de la surface labourée en marchant de dehors en dedans, en en refendant les fourrières et les bandes de 5 mètres qui longent les deux côtés du champ.

les animaux effectuent les tournées. Elle a une largeur de 4 ou 5 mètres et ne peut être labourée que dans une direction parallèle à la largeur du champ.

(1) La dérayure est le résultat de deux bandes de terre enlevées à côté l'une de l'autre et renversées dans un sens opposé. La fausse dérayure est formée par la raie que laisse vide une seule bande de terre.

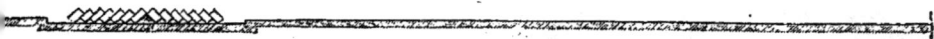

g. 53. — Coupe du champ après le labour de la première portion de planche dans un troisième système.

Fig. 54. — Coupe du champ après le labour d'une partie des deux premières planches.

Fig. 55. — Coupe du champ après le labour des deux premières planches.

Fig. 56. — Coupe du champ après le labour d'une partie de la troisième planche.

Fig. 57. — Coupe du champ avant le retournement des dernières bandes de terre laissées sur les bords.

Fig. 58. — Coupe d'un labour complet et régulier en trois planches.

II. — *Labours en planches moyennes.*

Ces labours sont les plus simples et les plus faciles à exécuter. Ce sont ceux que l'on emploierait le plus communément s'ils ne présentaient l'inconvénient de multiplier les enrayures et les dérayures qui sont à la fois une cause de perte de temps et d'imperfection dans le travail.

Pour faire des planches moyennes il suffit de diviser le champ en un nombre exact de planches de 10 mètres environ et de les andosser toutes. Pour le second labour on peut, comme pour les planches larges, faire le contraire de ce qui a été fait pour le dernier, mais on peut aussi andosser constamment, ce qui est très-avantageux. Il suffit pour cela d'andosser une planche de 10 mètres dans toutes les dérayures, de manière que l'on aura partout des planches de 10 mètres, et il restera des deux côtés du champ une bande de 5 mètres que l'on pourra labourer avec la fourrière, en l'andossant ou en la refendant à volonté.

III. — *Labours en planches étroites.*

Pour labourer un terrain en planches étroites, que nous supposerons de 5 mètres, on peut employer deux systèmes ayant chacun leurs avantages et leurs inconvénients.

Premier système. — On divise le champ en un nombre pair de demi-planches et l'on andosse ensemble les demi-planches 1 et 4, en tournant autour des demi-planches 2 et 3 (fig. 59). On refend ensuite les deux demi-

Fig. 59. — Coupe d'un labour en planches étroites après le retournement de deux demi-planches.

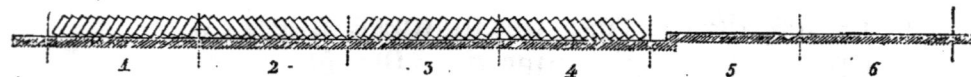

Fig. 60. — Coupe d'un labour en planches étroites après le retournement des deux premières planches.

planches 2 et 3 (fig. 60), et les deux premières planches seront labourées. Il est facile de voir que la tournée moyenne obtenue
en faisant ce labour, est de 5 mètres. Et
en effet, en labourant les demi-planches 1
et 4, la plus petite tournée a été de 5 mètres
et la plus grande de 10. La moyenne entre
5 et 10 est égale à 7^m.50. Pour labourer ensuite les demi-planches 2 et 3, la plus
grande tournée a été de 5 mètres et la plus
petite de 0, d'où la moyenne est égale à
2^m.50. Si l'on prend maintenant la moyenne
entre 7^m.50 et 2^m.50, on a pour moyenne
générale 5 mètres.

On devra continuer de la même manière,
c'est-à-dire en labourant toujours les planches deux à deux, comme nous venons de le
faire, jusqu'à la fin du champ.

On comprend que si le nombre des planches est impair, on sera forcé de ne pas
suivre ce système jusqu'au bout, et d'aviser
au moyen d'employer une autre méthode
pour labourer la dernière planche. On peut
résoudre cette difficulté de deux manières,
en labourant cette planche seule ou bien encore en la labourant avec les deux qui la
précèdent et en employant le système que
nous allons exposer.

Deuxième système. — Après avoir divisé
le champ en un nombre exact de demi-planches et avoir labouré la première et la quatrième demi-planche, comme précédemment (fig. 61), on laboure de la même manière les demi-planches 3 et 6 (fig. 62), et
l'on refend ensemble les demi-planches 2 et

Fig. 61. — Coupe d'un champ labouré en planches étroites dans un autre système après le retournement de deux demi-planches.

Fig. 62. — Coupe du champ labouré en planches étroites après le retournement de quatre demi-planches.

Fig. 63. — Coupe du champ labouré en trois planches étroites.

5 (fig. 63). On aura labouré ainsi les trois premières planches et l'on continuera de la même manière pour le labour de toutes les autres. Ici, comme dans le système précédent, il peut rester à la fin du champ une planche ou deux qui ne peuvent pas être labourées suivant le même système que toutes les autres, à moins cependant que l'on n'ait eu soin de diviser le champ en un nombre de planches multiple de trois, ce qui est très-facile. Quoi qu'il en soit, s'il reste deux planches, on pourra les labourer suivant le système précédent ; s'il n'en reste qu'une on pourra encore faire de même, mais en prenant aussi avec elle les trois planches qui la précèdent.

Si nous cherchons maintenant quelle est la tournée moyenne dans ce système de labour, nous trouverons qu'elle est égale à 7^m.50, c'est-à-dire une fois et demie la largeur de la planche. Cette tournée, comme on le voit, s'éloigne beaucoup de la tournée normale ; mais si l'on réfléchit qu'un pareil résultat n'a été obtenu qu'en évitant l'inconvénient des tournées à cul, on admettra facilement qu'elle est plus avantageuse que celle de 5 mètres fournie par le système précédent. Si, au lieu d'avoir 5 mètres, les planches n'en avaient que 4, la tournée moyenne serait encore égale à une fois et demie la largeur des planches, c'est-à-dire à 6 mètres. Si, enfin, les planches avaient 3^m.33, la tournée moyenne serait de 5 mètres, la plus grande de 6^m.66, et la plus petite de 3^m.33. On peut donc, au moyen de ce système, arriver à obtenir des tournées moyennes égales aux tournées normales en supprimant, à la fois, les tournées trop grandes ou trop petites.

De ce que nous venons de dire nous pouvons conclure que le premier système devra être préféré pour les planches qui ont 5 mètres ou plus, et le second, au contraire, pour les planches très-étroites.

CHAPITRE IX

Des billons.

Après avoir décrit, aussi complétement qu'il nous a été possible de le faire, les labours en planches, nous devons dire quelques mots des labours en billons et du binotage, méthodes moins usitées sans doute que la précédente, mais assez importantes cependant, pour trouver place dans ce travail.

Les billons ou sillons peuvent être assimilés à des planches très-étroites présentant rarement plus d'un mètre de largeur, et offrant par conséquent beaucoup de difficultés d'exécution, à cause du nombre considérable d'enrayures et de dérayures que l'on est forcé de faire sur une surface donnée.

Employé surtout dans les pays où les plantes ont à souffrir de l'humidité pendant l'hiver, ce système de labour présente des avantages sur lesquels on n'a sans doute pas suffisamment réfléchi, lorsqu'on l'a blâmé d'une manière trop absolue. Non-seulement le billonnage favorise l'écoulement des eaux, en donnant aux champs une forme bombée et des pentes artificielles, mais il augmente encore la surface exposée à l'air, et rend par

là l'évaporation beaucoup plus abondante.
Ce résultat, indispensable pour obtenir de
bonnes récoltes dans les terres humides
ayant beaucoup d'affinité pour l'eau, est
encore très-utile dans les climats brumeux,
où les plantes ont souvent à souffrir des
pluies printanières, même dans les terres
sensiblement perméables. Les cultivateurs
de l'Ouest prouvent d'ailleurs qu'ils connais-
sent les avantages et les inconvénients des
billons, lorsqu'ils adoptent cette pratique
pour les blés d'hiver, et qu'ils s'en affran-
chissent, au contraire, pour les plantes qui,
semées au printemps, n'ont d'autre ennemi
à craindre que les sécheresses de l'été.

En permettant de labourer successivement
chaque bande de terre, de manière à la laisser exposée complétement et assez longtemps à l'air et au soleil, avant de la couvrir
en partie par la bande de terre suivante,
le billonnage facilite plus que tout autre système de labour l'aération du sol, son ameublissement et la destruction des mauvaises
herbes. On peut dire enfin, en faveur des
billons, qu'ils sont un moyen artificiel
d'augmenter la profondeur de la couche
arable sans avoir recours aux labours profonds. Ils réunissent, en effet, sur quelques
points seulement, la terre que les labours en
planches laissent également répartie sur
toute la surface du champ. C'est là un avantage incontestable, surtout dans les cas, très-
nombreux, où les labours profonds sont
inefficaces ou même nuisibles, s'ils ne sont
suivis d'une augmentation dans les fumures.

Aussi n'est-ce qu'avec une grande prudence qu'il faut substituer les planches aux billons, lorsque l'on considère ces derniers comme inutiles à l'assainissement du sol.

Les reproches que l'on fait aux billons sont nombreux, et il faut reconnaitre qu'il y en a bon nombre de bien fondés. Mais il en est d'autres qui sont le résultat d'une antipathie exagérée pour une méthode de labourage qui, au milieu de tous ses inconvénients, présente cependant quelques avantages.

Ainsi, on reproche aux billons d'aggraver le mal qu'ils ont pour but de faire disparaître, en entravant l'écoulement de l'eau, au lieu de le favoriser, lorsque le sol n'a pas une pente régulière. C'est vrai, si l'on juge les billons en les plaçant dans l'hypothèse où ils sont exécutés d'une manière inintelligente. Il est évident que dans un champ à surface irrégulière, quelque bien choisie que soit d'ailleurs la direction des billons, leur pente peut être alternativement ascendante et descendante, et présenter par conséquent des parties où l'écoulement de l'eau est impossible ; mais il n'est pas moins évident que quelques rigoles tracées à propos, et dans une direction bien étudiée, couperaient les billons dans leurs parties les plus basses, et feraient disparaître l'inconvénient imputable à la topographie des champs, et nullement au système de labour.

Je reconnais du reste que, lorsque la pente du terrain est peu sensible, les billons ordinaires sont impuissants pour assainir

le sol, puisque l'eau tombant dans les raies
s'en écoule avec une trop grande lenteur.
On fait dans ces positions exceptionnelles des
planches très-bombées, ou, pour mieux
dire, de larges billons séparés par des
raies très-profondes recevant les eaux,
et s'en débarrassant beaucoup plus rapidement que dans les billons ordinaires, par
cela seul qu'elles y arrivent en plus grande
abondance. En admettant même qu'il ne
puisse pas y avoir d'écoulement, il y aura
toujours une partie de la planche qui sera
assez éloignée du réservoir des eaux pour
qu'elles ne puissent pas être nuisibles aux
plantes dont elle est couverte.

On a dit également que les billons s'oppo-
sent aux labours croisés. D'abord les labours
croisés ne sont pas absolument incompatibles avec le billonnage, et il serait facile
d'en fournir les preuves.

Ensuite, ils ne sont réellement très-utiles
que dans les pays de montagnes, où les
charrues sans coutre et à soc pointu et
allongé sont une nécessité. Dans la culture
intensive, où il n'entre du reste dans la pensée de personne de faire des billons, le
labour croisé est une opération presque
inconnue.

Si nous passons maintenant aux défauts
réels, incontestables, des billons, nous verrons qu'ils sont très-nombreux :

1° Il est impossible ou tout au moins très-
difficile d'employer au billonnage une charrue légère et bien construite. Cette pratique,
en effet, ne présente dans son exécution rien

de difficile, sinon le nombre considérable
d'enrayures et de dérayures qu'il faut faire
sur une surface donnée. Or, nous avons vu,
dans un précédent chapitre, que ces dérayures ne peuvent être bien faites qu'en
laissant un frayon dont le but est d'offrir à
la charrue un point d'appui pour faire la
dernière raie. C'est là une précaution qu'on
ne saurait prendre avec les billons, parce
qu'elle deviendrait la cause d'une perte de
temps considérable et sans proportion avec
le travail effectué.

Le point d'appui qui manque à la charrue
par l'absence du frayon, cet instrument doit
le trouver dans un avant-train d'une part,
et, d'autre part, dans une longueur démesu-
rée du sep à sa base et à sa partie postérieure.

D'un autre côté, lorsque l'on fait une dérayure ordinaire, il importe fort peu que la
dernière bande de terre retombe dans la
raie après avoir été divisée, pourvu que la
terre soit complétement labourée et bien
ameublie. Dans les billons, au contraire, la
dernière raie devant rester ouverte et profonde, il est indispensable que le versoir
soit très-long, fortement recourbé et relevé
à sa partie postérieure, de manière à pouvoir renverser complétement la bande de
terre, après l'avoir soulevée à une grande
hauteur. Quelquefois même, le versoir doit
presser légèrement sur la terre qu'il renverse, pour la fixer dans la position qu'elle
doit avoir.

En résumé, pour exécuter un billon, il

faut une charrue à avant-train, établie sur une base très-développée, et possédant un versoir très-long, bien relevé et fortement recourbé à sa partie postérieure. C'est là un inconvénient sérieux des billons, car une charrue de cette nature est d'un tirage très-difficile et d'un prix très-élevé.

2° Quelle direction donnera-t-on aux billons? Au point de vue de l'orientation, la direction du nord au sud est la plus convenable, parce que c'est la seule qui permette de donner à toutes les parties du champ, sinon une même exposition, du moins la même part de soleil et de chaleur. Mais cette condition est souvent incompatible avec d'autres non moins importantes. Ainsi, il importe de donner aux billons une pente assez grande pour faciliter l'écoulement des eaux, mais assez faible cependant pour que celles-ci n'entrainent pas avec elles les terres et une partie de l'engrais. La forme géométrique du champ est également à considérer pour fixer la direction à donner aux billons, afin d'arriver à avoir de longs royages, et diminuer, par conséquent, le nombre des tournées. Parmi ces conditions, il est rare que le cultivateur ne soit pas forcé d'en sacrifier au moins une, et subir par conséquent quelques-uns des inconvénients que nous venons d'énumérer.

3° Les récoltes y sont inégales et irrégulières, soit parce qu'il est très-difficile de bien répartir les fumiers, soit parce que la partie inférieure du billon, dégarnie de bonne terre, exposée d'ailleurs alternative-

ment à la sécheresse et à l'humidité, donne
une récolte beaucoup moins belle que celle
qui vient à la partie supérieure ; soit, enfin,
parce que toutes les parties du billon ne
jouissent pas toujours de la même exposition.

4° Dans les temps de sécheresse, l'eau de
pluie, qui tombe sur les billons, s'écoule rapidement dans les raies, et de là hors du
champ, sans grand profit pour la récolte.

5° La répartition de la semence y est une
opération très-longue, parce que l'on est
forcé, la plupart du temps, de semer sous
raie et d'employer une journée pour semer
la surface labourée en un jour par un attelage.

6° L'opération des semailles, qui a besoin
d'être faite promptement, pour avoir lieu au
moment le plus favorable, moment souvent
très-court, a lieu très-lentement.

7° Sur les terres labourées en planches, le
terrain tout préparé pour les semailles, lorsque l'époque la plus convenable pour les
effectuer arrive, ces dernières peuvent être
exécutées avec une grande rapidité, grâce à
la herse dont on peut faire usage pour couvrir la graine. Avec les billons, au contraire,
les semailles allant aussi lentement que le
second labour, il arrive souvent que l'on
commence trop tôt, et que l'on finit trop
tard.

8° Les hersages y sont très-difficiles et ne
peuvent y avoir lieu qu'avec des herses articulées et présentant une forme particulière.

9° Nous avons déjà parlé de l'impossibilité
d'employer, pour labourer un billon, une
charrue simple et légère, nous ajouterons
que les mêmes difficultés existent, pour faire
marcher sur les billons la plupart des instruments perfectionnés, tels que l'extirpateur,
le scarificateur, les herses, les rouleaux,
les moissonneuses et même la faux. Enfin les
charrois y sont très-difficiles, à cause de
l'inégalité du terrain.

10° De la multiplicité des rigoles, il résulte
une perte considérable de terrain.

Telles sont les vérités que l'on peut dire
sur les billons, et, si nous les envisageons
sans parti pris, nous serons amenés à cette
conclusion que, l'on doit les considérer,
comme complétement incompatibles avec
la culture intensive [1]. Le billon personnifie,
en effet, la mauvaise charrue, les herses et
les rouleaux compliqués; perpétue l'emploi
de la faucille pour la moisson, et rend impossible l'usage du scarificateur et de l'extirpateur. Les opérations y sont très-lentes,
d'où résulte le double inconvénient de travaux très-chers, et faits rarement à propos.
Enfin la mauvaise répartition du fumier de
la terre végétale, et souvent même du soleil,
donnent des récoltes inégales arrivant à
maturité d'une manière irrégulière. Mais
tous ces défauts sont-ils suffisants pour
repousser les billons dans toutes les circon-

(1) La culture des betteraves et des navets sur billons ne rentre pas dans cette méthode de labourage.
Le sol est préparé par des labours ordinaires et mis en
suite en *ados* au moment des semailles.

stances? Nous ne le croyons pas. Il est des
terres où les plantes ne peuvent végéter
qu'à la condition d'être placées sur billons,
à moins de leur faire subir un dessèchement
préalable.

Exécution des billons.

Les billons sont de deux ou quatre raies.
Le nombre des raies dépend, sans doute,
très-souvent de la largeur des billons, mais
souvent aussi on voit des billons, dont la
largeur est invariable, être labourés à deux
ou à quatre raies, suivant la nature du sol
et les besoins de la culture.

Pour démontrer la manière dont les billons
doivent être exécutés, nous parlerons des
diverses méthodes usitées pour préparer le
sol, dans les pays où l'on emploie ce système de labourage, et particulièrement dans
l'Ouest, où nous avons pu l'étudier.

Lorsque le moment de donner le premier
labour arrive, le terrain se présente comme
dans la fig. 64, c'est-à-dire que les hersages
et l'affaissement naturel du sol l'ont considérablement nivelé.

On forme le premier billon en endossant
quatre bandes dans la dérayure A, et en suivant avec la charrue l'ordre représenté par
les numéros placés sur les bandes de terre
d'un billon de la figure 65.

Les trois dernières bandes, ainsi que le
dessin le montre (fig. 65), sont égales; mais,
la première étant plus petite que les autres,

Fig. 64. — Coupe du terrain avant le premier labour en billons.

Fig. 65. — Coupe du terrain après le premier labour en billons.

a.   b   c   d   o   f

Fig. 66. — Coupe d'un terrain après la 1re série des travaux pour l'exécution des billons dans un autre système.

Fig. 67. — Coupe du terrain après l'achèvement des billons.

Fig. 68. — Troisième mode d'exécution des billons.

le milieu du sillon se trouve légèrement à droite au lieu de se trouver juste au milieu de la raie.

Le second labour s'exécute de la même manière que le premier, soit que l'on refende chaque billon, soit que l'on endosse dans toutes les raies. En prenant encore ici la précaution indiquée précédemment, c'est-à-dire en faisant la première bande moins large que les autres, on repousse encore légèrement sur la droite les dérayures et les sommets des billons. Les avantages d'une telle pratique sont évidents, puisqu'elle permet de labourer successivement à la même profondeur, et en reculant toujours vers la droite, aussi bien la partie du champ qui n'est jamais labourée (le dessous des endos) que celle qui est labourée le plus profondément, et qui correspond aux dérayures. Cette manière d'agir a également l'avantage de faire diviser en deux, par la charrue, les bandes de terre renversées par le labour précédent.

Les deux premières raies étant beaucoup plus faciles à lever que la troisième et la quatrième, ne nécessitant pas d'ailleurs l'emploi d'une charrue à avant-train, on se sert très-avantageusement, dans l'exécution des billons, de deux attelages. Le premier fait avec une charrue ordinaire les deux premières raies, et le second, au contraire, fait les deux dernières avec une charrue à avant-train. Nous ajouterons enfin que, pour éviter les tournées à zéro, on peut suivre le système que nous avons démontré dans un

chapitre précédent, en parlant des planches
étroites.

Quel que soit le nombre de labours que
l'on donne pour préparer le sol, la manière
d'agir est toujours la même, et il devient,
par conséquent, inutile de décrire de nouveau l'opération. Je me bornerai à ajouter
qu'il est généralement avantageux, pour arriver promptement à l'ameublissement du
sol, de donner un hersage entre deux labours.

La série de travaux que comporte la préparation du sol par le billonnage n'a pas
toujours lieu exactement comme nous venons de le dire. Quelquefois, on fait d'abord
un labour complet, en levant successivement les quatre raies de chaque billon.
Après cette opération, on laisse reposer le
sol pendant quelque temps, puis on herse
et on lève ensuite les deux premières raies
de chaque billon (fig. 66). On laisse encore
la terre dans cet état pendant quelques se-
maines, et, au moment où la végétation
commence à s'emparer des deux raies, on
lève la troisième et la quatrième pour compléter le billon (fig. 67). On ne saurait con-
tester que cette manière d'agir ne soit
préférable à la première. Elle permet, en
effet, une aération complète du sol, et
favorise la destruction des mauvaises herbes, soit en exposant successivement toutes
les parties du champ à l'air, soit en re-
couvrant et en étouffant, au moyen de la
troisième et quatrième bande de terre, la
végétation qui couvre les deux premières.

C'est surtout dans les terres légères, où les labours ont principalement pour but la destruction des mauvaises herbes, que cette méthode est avantageusement suivie [1]. Il existe même des contrées [2] où l'on donne un seul labour, combiné de cette manière, pour préparer le sol à recevoir le blé. Dans ce cas, on fait dans le courant d'avril, du côté droit de chaque billon, et avec une charrue à versoir mobile, une première raie que l'on jette entre deux billons. Au mois de mai, lorsque la raie déjà retournée est parfaitement sèche, et que les graines qu'elle renferme ont eu le temps de germer, on fait du côté opposé une seconde raie plus large que la première, qu'elle recouvre parfaitement. A la fin de juin, ou dans le mois de juillet, on détache une troisième bande de terre du même côté que la première (fig. 68), de manière à laisser entre deux billons une languette de terre que l'on ne relève qu'à l'époque des semailles, pour couvrir la graine.

Peu de temps après ce labour, lorsqu'on juge que la terre est suffisamment aérée, on donne un coup de herse qui achève de nettoyer et d'ameublir le sol, et le met en état de recevoir les semailles.

Quelquefois, au lieu de commencer par

(1) Il existe des terres légères dont le sous-sol imperméable force le cultivateur à adopter la culture en billons.
(2) Dans l'arrondissement de Baugé, sur la limite du département de la Sarthe et du côté du Viel-Baugé. (Leclerc Thouin, *Agriculture de l'ouest de la France*.)

relever une bande de terre, on en lève deux que l'on a soin de faire très-petites. Puis, quelque temps après, on relève deux autres raies, mais assez étroites pour qu'il reste, comme dans le cas précédent, une languette de terre servant plus tard à recouvrir la semence.

La description des billons serait incomplète si nous ne donnions les moyens d'effectuer les semailles sur ce système de labourage.

a. Dans la partie vendéenne du département du Maine-et-Loire [1], on laboure à plat ou en planches larges, et, après avoir donné quelques coups de herse, on répand uniformément la graine sur toute la surface du champ. On recouvre ensuite avec un *arrau*, espèce de charrue dont les versoirs très-allongés retournent la terre et la repoussent à $0^m.50$ environ de chaque côté de l'axe de la raie. Cette charrue à *couvrir* porte un avant-train dont les roues, placées à 2 mètres de distance, marchent, l'une dans la raie tracée précédemment, et l'autre trace, à 2 mètres plus loin, la ligne que devra suivre la charrue, en faisant le sillon suivant. De cette manière, la largeur mesurée de chaque billon, sera exactement d'un mètre. Des femmes suivent la charrue avec des pioches ou des râteaux, cassent les mottes qui se trouvent au milieu du billon, et relèvent celles que le hasard a fait tomber dans la raie.

Ce moyen de couvrir les semailles est

(1) L. Thouin, *Agriculture de l'ouest de la France.*

presque aussi expéditif que la herse, puisque
l'on couvre à chaque voyage une largeur
d'un mètre. Il est plus parfait si la charrue
à couvrir est bien construite, si, au lieu de
refouler la terre à gauche et à droite, elle la
soulève et la répand en couche régulière sur
chaque moitié du billon. De cette manière,
la semence se trouve enterrée à une profondeur uniforme, au lieu que la herse ne peut
que la mélanger avec la couche de terre
qu'elle remue, et en laisser par conséquent
à toutes les profondeurs.

b. D'autres fois, après avoir préparé le sol
au moyen du billonnage, on le herse énergiquement jusqu'au moment où il ne reste que
des traces des raies qui séparent les billons.
Après cette opération, une femme sème
dans les raies le tiers de la semence que l'on
recouvre en labourant une bande de chaque
côté. Ce premier travail fini, on sème le
reste de la graine sur les deux bandes renversées, et on la recouvre avec deux nouvelles raies que l'on prend immédiatement
à côté, pour finir le billon.

Il résulte de ce mode d'agir que les se-
mences se trouvent enterrées à des profondeurs inégales, méthode vicieuse en principe, mais donnant cependant de bons résultats dans les pays où les terres sont légères et dans ceux où elles sont sujettes au
déchaussement.

c. Au lieu de faire quatre raies, formant le
billon et servant toutes à couvrir la semence,
on sème quelquefois la moitié de la graine
sur un labour parfaitement hersé, et on la

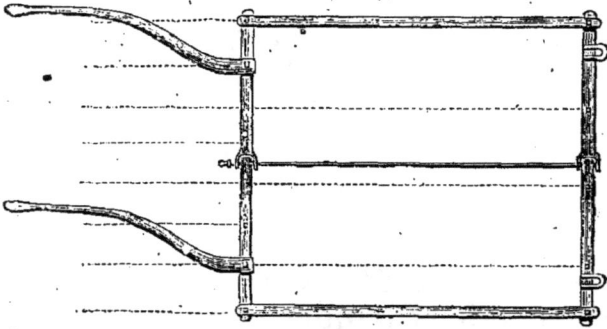

Fig. 69. — Plan de la herse employée dans la culture
en billons.

Fig. 70. — Coupe de la herse employée
dans la culture en billons.

recouvre en faisant deux raies très-larges embrassant à elles seules tout un billon. Sur le terrain ainsi disposé, on sème le reste de la graine que l'on recouvre avec une herse articulée embrassant une moitié de chaque billon. Cette herse est traînée par un cheval qui marche dans les raies, et dirigée par un homme qui, au moyen de deux mancherons, ouvre ou ferme les deux moitiés articulées de l'instrument, de manière à lui faire embrasser toutes les inégalités du terrain (fig. 69 et 70). Ici, la seconde moitié de la graine est surtout employée pour garnir les deux bords du billon qui, sans cette précaution, resteraient complétement dégarnis.

d. Enfin, une méthode qui est souvent usitée, surtout pour les semailles sur trèfle rompu, consiste à laisser, au moment du dernier labour de préparation, une languette de terre non labourée au milieu de chaque billon. Après ce labour, on herse et l'on sème toute la graine comme sur un labour en planches larges. L'enfouissement a lieu en refendant avec une charrue ordinaire ou à deux versoirs la languette de terre que l'on a ménagée au centre du billon, et dont chaque moitié sert à recouvrir un côté du billon. On passe ensuite avec un râteau ou la herse dont nous venons de parler pour parer complétement le terrain.

CHAPITRE X

Description et exécution du binotage.

Le binotage ou binotis est un moyen
très-puissant et très-efficace pour ameublir le sol et détruire les mauvaises herbes.

De même que nous avons assimilé les billons à des planches très-étroites, nous pouvons assimiler les sillons qui résultent du
binotage à des billons très-étroits. Seulement, outre cette différence qui existe entre
ces deux modes de labourage, il en est une
qui les distingue d'une manière encore plus
complète. Le billonage donne au champ
une forme particulière devant subsister aussi
longtemps que durera la récolte dont il sera
bientôt couvert; le binotage donne aussi, à
peu de chose près, la même forme, mais
avec cette différence qu'elle est destinée à
disparaître avec le labour de semailles. En
un mot, on peut dire que le billonage a pour
but de donner au champ une forme permanente et favorable à l'écoulement et à l'évaporation de l'eau, tandis que par le binotage, on se propose un but moins durable,
celui d'arriver, avec le moins de travaux possible, à l'aération du sol, à son ameublissement, et à la destruction des mauvaises herbes qu'il renferme.

Le binotage se fait avec un instrument particulier appelé binot [1], ou avec une charrue ordinaire. Quelquefois même on emploie concurremment les deux instruments.

a. — Pour binoter avec le binot, on commence à une extrémité du champ en faisant une raie comme on le voit dans la figure 71. Arrivé au bout, on tourne à zéro et l'on revient à côté, à une distance plus ou moins grande de la première raie, suivant le système de binotage que l'on devra suivre au second labour. Si l'on veut refendre les sillons, c'est-à-dire faire marcher le binot au milieu de chacun d'eux en le divisant en deux parties que l'on renverse à gauche et à droite; on donne aux sillons assez de largeur pour qu'il reste entre eux une certaine quantité de terre non remuée (fig. 72). Si au contraire on veut donner toujours un labour complet, on rapproche les raies les unes des autres, de manière à combler en partie celles qui ont été ouvertes précédemment. Dans le premier cas, le binotage est dit à larges raies (fig. 72) et dans le second, il est dit à raies étroites (fig. 73) [2].

La seconde façon est souvent donnée perpendiculairement à la première. Dans ce cas,

---

1. Le *binot* n'est autre chose qu'une espèce de buttoir dont les versoirs droits sont plus ou moins écartés à leur partie postérieure, suivant la largeur que l'on veut donner aux sillons. Le soc est en fer de lance.

2. Dans la figure 73, les rectangles sur lesquels on a forcé l'ombre représentent la terre qui a été déplacée deux fois par la charrue à binoter. C'est ce double déplacement de la terre qui distingue réellement ce système de binotage du binotage à larges raies.

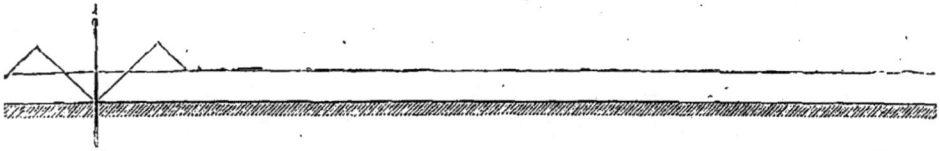

Fig. 71. — Marche à suivre dans l'exécution du binotage avec le binot.

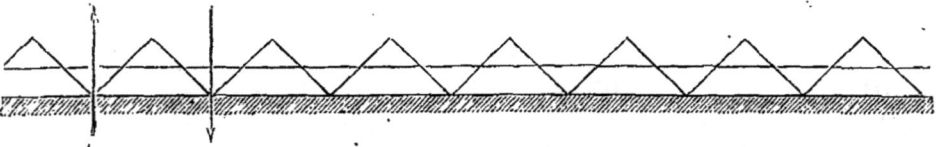

Fig. 72. — Binotage à larges raies.

il n'est pas nécessaire de la faire précéder
d'un hersage, opération très-utile, au contraire, si le second binotage a lieu dans le
même sens que le premier. Lorsque l'on a
donné en premier lieu un binotage à larges
raies, et que l'on veut donner le second de la
même manière, on ne fait pas un hersage
entre les deux, mais on dirige le binot de
telle sorte, que chaque sillon se trouve par-
tagé en deux parties égales et renversées
dans le sens contraire.

Quel est le meilleur entre les deux systèmes de binotage dont nous venons de parler? J'ai souvent posé cette question à d'intelligents cultivateurs, et j'avoue que les
réponses n'ont pas laissé chez moi une opinion bien arrêtée.

Cependant, il résulte de ces conversations
et de mes observations personnelles, que le
binotage à sillons étroits est préférable pour
détruire les mauvaises graines et les mauvaises herbes, tandis que le binotage à raies
larges doit être employé de préférence pour
ameublir et aérer le sol. Le premier système
amènera rapidement, mais aussi avec beaucoup de force, au but que l'on se propose;
par le second, au contraire, on arrive au
même but plus lentement, mais en employant
moins de force et en faisant au temps une
part plus large. On emploie également de
préférence le binotage à larges raies à la fin
de l'hiver ou au printemps, pour favoriser
l'évaporation de l'eau et l'asséchement du sol.

1.— Voyons maintenant la manière de
faire le binotage avec une charrue ordinaire.

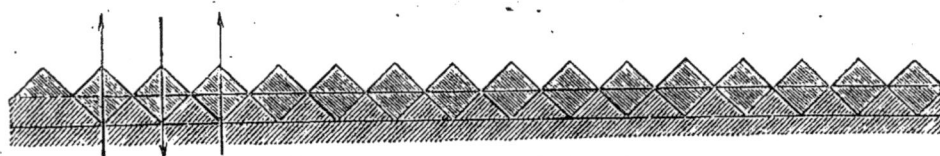

Fig. 73. — Binotage à raies étroites.

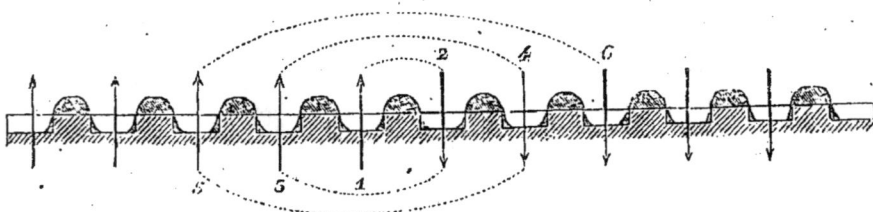

Fig. 74. — Exécution du binotage en ondossant avec la charrue ordinaire.

Soit que l'on agisse avec la charrue ou avec le binot, le binotage a presque toujours lieu après que la terre a été labourée une première fois par le système ordinaire.

Le binotage se fait en endossant, ou en refendant.

Pour binoter en endossant, on fait les deux premières raies comme pour exécuter un endos à jauge comblée. Puis, au lieu de prendre une troisième raie immédiatement à côté de la première, on la prend à une distance double de la largeur d'une bande ordinaire. En continuant ainsi et en suivant l'ordre et la direction indiqués par les numéros et les flèches que l'on remarque sur la figure 74, toutes les raies de labour resteront ouvertes et la terre qui en proviendra, sera placée sur une languette de la surface non remuée, large de $0^m.25$ ou $0^m.30$.

Quoique la moitié seulement de la terre soit labourée, les mauvaises herbes n'en sont pas moins détruites, puisqu'elles sont complétement couvertes et étouffées.

Pour refendre, on commence à une extrémité de la planche et l'on revient sur l'autre en jetant toujours du côté opposé aux bords.

Lorsque les deux premières raies sont tracées, on va exécuter immédiatement à côté de la première, celle qui porte le n° 3, dans la figure 75. De la troisième raie on passe à la quatrième et ainsi de suite, en suivant la marche indiquée dans la figure 75, jusqu'au moment ou la planche est finie.

Nous venons de décrire la manière de

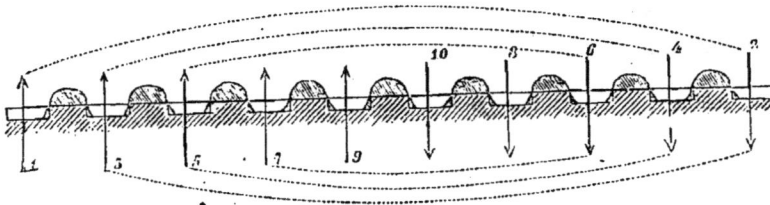

Fig. 75. — Exécution du binotage en refendant avec la charrue ordinaire.

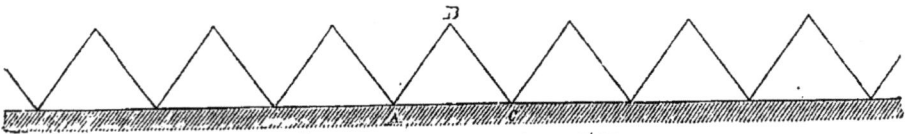

Fig. 76. — Section des zdos formés par lé binotage.

binoter en endossant et en refendant, et de faire pressentir la possibilité d'adopter pour ce mode de labour une marche analogue à celle que nous avons déjà décrite au chapitre VIII.

Il est évident, en effet, que l'on pourra diviser le champ en planches de 10 mètres, endosser la seconde, puis refendre la première; endosser la quatrième, puis refendre la troisième, et ainsi de suite en endossant toujours les planches numéro pair et refendant les planches numéro impair. On arrivera de cette manière, de même que pour les labours en planches larges, à avoir des planches de 20 mètres avec des tournées moyennes de 5.

Les seconds labours se donnent ordinairement en travers et presque toujours après un hersage préalable. Quelquefois cependant, on les donne dans le même sens que le premier, mais c'est seulement lorsque celui-ci est très-ancien, et que, par l'effet du temps, le sol est presque nivelé. En dehors de ces circonstances, les binotages croisés doivent être préférés comme étant plus énergiques et amenant plus promptement au but que l'on se propose.

Nous avons dit précédemment, que le binotage a pour but d'arriver, avec le moins de travaux possible, à l'aération du sol, à son ameublissement et à la destruction des mauvaises herbes qu'il renferme. Voyons de quelle manière il répond à ces diverses conditions.

Aération du sol. — Ici, comme dans les

labours ordinaires, nous admettrons que l'aération du sol est en rapport avec la surface exposée à l'air, et pour fixer les idées, nous comparerons cette surface à la surface absolue du champ.

Dans un ados quelconque, formé par le binotage et particulièrement dans celui qui est représenté par la section ABC (fig. 76), le côté AC représente la surface absolue du champ, et la somme des deux autres côtés (AB + CB) la surface exposée à l'air.

Voyons maintenant de quelle nature est le triangle ABC.

Immédiatement après le labour, grâce à la force de cohésion que toutes les terres possèdent à un degré plus ou moins élevé, les deux côtés du billon se rapprochent beaucoup de la verticale. Mais la force de la pesanteur luttant, pour ainsi dire, sans cesse contre la force de cohésion, tend à séparer les molécules les unes des autres et à augmenter, par conséquent, l'inclinaison des côtés AB, BC, jusqu'au moment où son action disparaît, ce qui arrive lorsque ces côtés font avec l'horizontale un angle de 60°[1]. Enfin les pluies, les vents et même les légers courants d'air, tendent constamment à niveler le sol et à faire descendre les côtés AB, BC au-dessous de l'inclinaison de 60°.

1. Tout le monde a vu dans les parcs d'artillerie des boulets de canon entassés en primes triangulaires présentant trois faces égales et faisant, par conséquent, entre elles des angles de 60°. Ce qui est vrai pour des boulets de canon doit l'être également pour des corps ronds d'un plus petit diamètre et par analogie pour les molécules terreuses.

8

Nous pouvons donc admettre, que dans la moyenne des cas, les angles CAB, BCA sont égaux à 60°. Il résulte de là que le triangle ABC est équiangle et par conséquent équilatéral. On a donc AC : CB+BC : : 1 : 2. C'est-à-dire que la surface du champ est avec la surface exposée à l'air dans le rapport de 1 à 2.

Lorsque nous avons prouvé que le labour à 45°, est de tous les labours ordinaires celui qui expose le plus de surface à l'air (page 51), nous avons vu que la surface absolue du champ était représentée par l'hypoténuse GD (fig. 19, page 51) du triangle isocèle CGD, et la surface exposée à l'air par la somme des deux côtés CG, CD. Or, l'on sait que dans un triangle rectangle et isocèle comme celui dont il s'agit, on a

$$GD : GC :: \sqrt{2} : 1.$$

En doublant les deux conséquents de cette proportion, ce qui est permis sans l'altérer, et en mettant à la place de 2 GC la quantité égale GC+CD, on a

$$GD : GC + CD :: \sqrt{2} : 2.$$

C'est-à-dire que l'on est loin d'avoir dans le cas le plus favorable des labours ordinaires, une surface exposée à l'air double de la surface absolue du champ; ainsi que cela arrive pour le binotage.

Ameublissement du sol. — *Destruction des mauvaises herbes.* — Démontrer que le binotage aère le sol au plus haut degré, c'est démontrer également que ce système de labourage favorise, plus que tous les autres, l'ameublissement de ce même sol et la destruction des mauvaises herbes qu'il renferme. Mais il est encore d'autres raisons que l'aération qui concourent à ce double résultat, et en première ligne, nous devons placer le mouvement continu de la terre. Nous faisions remarquer, en effet, précédemment, qu'immédiatement après le labour, la terre se trouve entassée très-haut par rapport à la largeur de la base GD sur laquelle elle est soutenue; mais que, par le fait de la pesanteur et de quelques agents naturels, elle s'éboule d'une manière permanente jusqu'au moment où le champ labouré présente une surface presque plane. Ce mouvement continu, en même temps qu'il ameublit le sol en séparant les molécules les unes des autres, déchausse les mauvaises herbes et facilite la germination des mauvaises graines, puisqu'il arrive toujours un moment, où elles sont placées dans les conditions les plus favorables pour amener ce résultat.

Les plantes résultant de cette germination sont à leur tour déchaussées ou enfouies par un nouveau labour et par conséquent détruites. J'ajouterai que nulle part, la herse, cet agent par excellence de nettoiement et d'ameublissement du sol, n'agit aussi énergiquement que sur un terrain binoté.

Enfin deux binotages n'exigeant pas, en général, plus de temps qu'un labour ordinaire, on peut, en employant ce système de labourage, travailler plus souvent le sol et l'amener plus promptement que par tout autre moyen, à la bonne préparation que l'on recherche.

Le binotage est une pratique fort usitée en Dombes, et particulièrement à la Saulsaie, où il donne d'excellents résultats. On sait d'ailleurs, que les terres de ce pays sont composées en grande partie (60 à 85 pour 100) d'une silice excessivement fine, se laissant déplacer facilement par les eaux pluviales et possédant, sous le rapport de la perméabilité des propriétés analogues à celles des terres les plus argileuses. Aussi, lorsque le sol est labouré par le système ordinaire, quelques pluies suffisent pour le niveler et pour diminuer par conséquent, dans une proportion considérable, la surface exposée à l'air. Mais ce qui est pire encore, la terre se bat et se plaque, c'est-à-dire, que les molécules très-fines du sol se serrent fortement les unes contre les autres, et rendent son aération impossible. Avec le binotage, au contraire, la surface du sol ne se nivelle que très-lentement, et le mouvement continu de la terre, qui va de la partie supérieure à la partie inférieure des ados, la maintient meuble et par conséquent dans un état tel qu'elle peut être facilement aérée. On voit donc que si le binotage est partout un bon système de labourage, c'en est un excellent dans la Dombes et dans tous les pays où les terres ont une composition analogue.

Les bons effets du binotage sont d'autant mieux marqués lorsqu'il est croisé,
c'est-à-dire lorsqu'il est donné dans une
direction perpendiculaire à celle du labour
précédent.

CHAPITRE XI

Des labours à plat.

Sans exagérer l'importance de ce système de labour, dont M. Lœuilliet a donné une excellente description, nous croyons cependant devoir lui consacrer un article spécial.

La multiplicité des enrayures et des dérayures; le temps perdu pour les exécuter ; l'inégalité de la surface du champ après le labour et par conséquent la difficulté que l'on éprouve, pour l'exécution des travaux, sur une surface alternativement creuse et bombée, sont autant d'inconvénients que présentent les labours en planches, et que l'on évite, en grande partie du moins, par les labours à plat.

Deux méthodes, basées sur deux instruments différents, peuvent être employées pour l'exécution de ces labours. La première méthode, pour laquelle on fait usage d'une charrue jumelle ou tourne-oreille, consiste à enrayer sur l'un des bords du champ et à tourner toujours, dans la dernière jauge ouverte, de manière à enlever des bandes parallèles et à les renverser dans le même sens, jusqu'à ce que l'on soit arrivé à l'extrémité opposée du champ.

Simple par lui-même, ce système est dé-

fectueux par la nature essentiellement im-
parfaite de l'instrument qu'il exige. Les
charrues doubles ou jumelles sont lourdes,
d'un tirage et d'un emploi pénibles. Celles à
versoir mobile, ou tourne-oreille, ne sont
pas susceptibles de recevoir une construction
basée sur des principes rationnels. Les pièces
qui les composent étant forcément mobiles,
présentent peu de fixité, leur construction
est compliquée et leur maniement difficile.

La seconde méthode emploie. la charrue
ordinaire, supprime les fourrières ; mais né-
cessite un tracé préalable qui, quoique simple,
peut cependant, au premier abord, décou-
rager les cultivateurs peu habitués aux tra-
cés géométriques.

Cette méthode est usitée depuis quelque
temps à Grand-Jouan, où elle peut rendre
plus de services que partout ailleurs, à cause
de la régularité que présentent les champs
aussi bien dans leur surface que dans leur
périmètre.

Elle est appelée dans cet établissement
méthode Fallemberg « Juste hommage, dit
M. Lœuilliet, rendu à la mémoire d'un agro-
nome d'ailleurs célèbre à bien d'autres
titres. »

De même que les labours en planches
s'exécutent en endossant ou en refendant, le
labour Fallemberg a lieu *en dedans ou en
dehors*, suivant que l'on fait avancer le travail du centre à la circonférence ou de la
circonférence au centre.

Nous nous occuperons en premier lieu
des labours en dedans.

A. — Les champs affectent diverses formes dont le triangle est la plus élémentaire; soit par conséquent à labourer d'abord, le triangle A B C, fig. 77.

Arrivé sur le champ, le premier soin du laboureur, ou de celui qui le dirige, est de déterminer le point O qui est le centre du triangle ou la rencontre des bisectrices de ses angles [1]. Le centre étant à égale distance des trois côtés du triangle, il en résulte que,

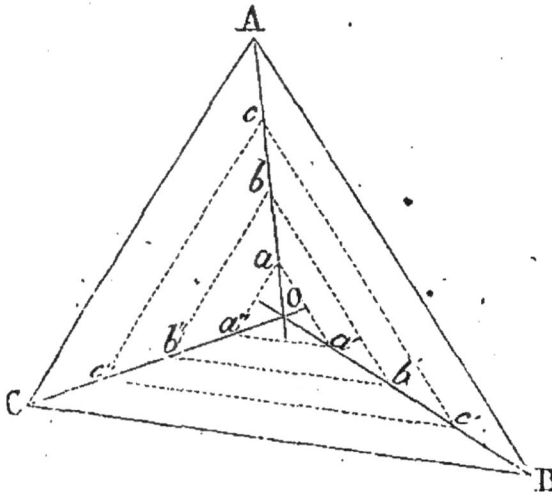

Fig. 77. — Labour à plat d'un champ triangulaire.

si, à partir de ce point, on trace des raies respectivement parallèles aux trois côtés du champ, en ayant soin de changer de direction toutes les fois que l'on rencontrera une bisectrice, on approchera toujours également,

[1] Pour trouver la bisectrice d'un angle E (fig. 78), il suffit de prendre sur ses côtés deux distances égales EA, EB, joindre A B et prendre le milieu I. La ligne EI est la bisectrice de l'angle E.

des trois côtés du triangle et un dernier trait de charrue finira le labour à la fois sur tout le périmètre.

Si le laboureur n'a pas assez de confiance dans son habileté, pour maintenir le parallélisme des raies avec le côté correspondant du champ, il divisera en un même nombre de parties égales les trois bisectrices OA, OB, OC (fig. 77) et joindra par la pensée, les points de division. Les lignes de jonction

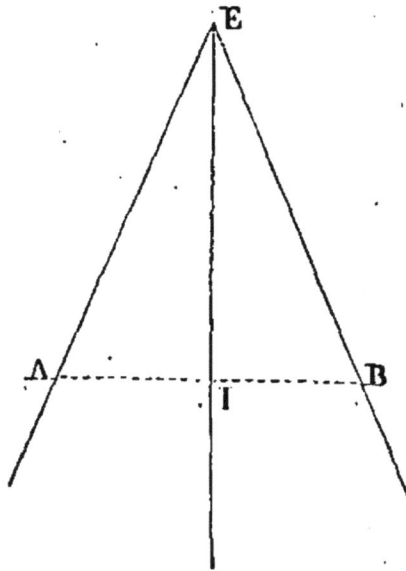

Fig. 78. — Détermination de la bisectrice d'un angle.

forment par leur rencontre une série de triangles semblables dont les périmètres sont parallèles entre eux et celui du triangle ABC. Il est donc évident que le labour sera bien dirigé, toutes les fois qu'un même trait de charrue coïncidera avec le périmètre de l'un quelconque de ces triangles, ou qu'il passera par ses trois sommets.

Après avoir déterminé le point O et préalablement au labour, on tracera les lignes O A, O B, O C, au moyen de deux traits de charrue, donnés en endossant ou en refendant, suivant l'état du sol. Si ce dernier n'est pas engazonné, et si le labour n'a pas pour but la destruction des mauvaises herbes qui recouvrent la surface, on refendra ; dans le cas contraire, il est préférable d'endosser.

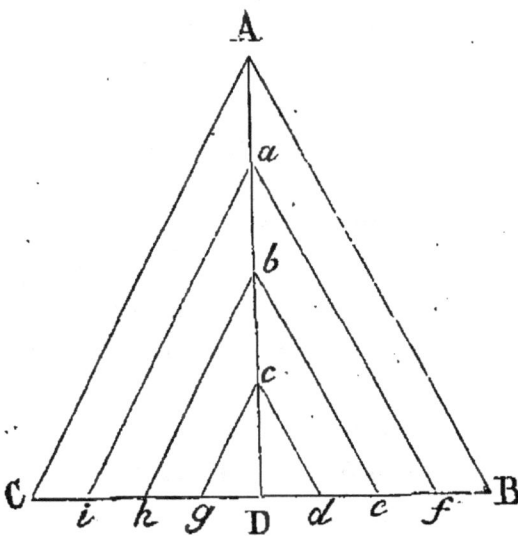

Fig. 79. — Labour à plat des champs triangulaires dans les environs de Paris.

En endossant, en effet, la terre est parfaitement retournée et aucune partie du gazon ne se trouve exposée à l'air. En refendant, au contraire, les bandes de terre qui auraient été retournées sur le guéret, en faisant les deux premières raies, seraient retournées de nouveau dans leur position primitive, laissant à l'air le gazon que l'on désire détruire. On peut ajouter que la charrue devant prendre au bout de chaque raie une double bande de terre, le travail est irrégulier et défectueux. D'ailleurs, on n'évite pas, en refendant, la crête qui se forme sur les lignes O A, O B, O C, puisque l'on renverse dans la raie ouverte les deux bandes qui en proviennent ainsi que la terre que la charrue enlève immédiatement à côté.

Pour obtenir un labour qui laisse la surface du sol parfaitement nivelée, ainsi que cela est à désirer dans beaucoup de circonstances et particulièrement pour l'établissement d'une prairie, il faudrait, après avoir labouré les deux premières raies en refendant, étendre la terre qui en proviendrait, le plus uniformément possible avec une pelle. La raie ouverte sera alors complétement comblée dans la suite du labour, et la régularité de la surface ne laissera rien à désirer.

Dans les environs de Paris on se sert pour le labourage des champs triangulaires d'une méthode que l'on désigne sous le nom de *labours en patte d'oie*. Voici en quoi elle consiste (fig. 79).

On commence par joindre le sommet A du triangle au milieu de la base C B. On divise la ligne A D ainsi que les lignes D B, D C, en un même nombre de parties égales et l'on marque ces points de division au moyen de jalons ou de paille. Les lignes *a f*, *b e*, *c d*, coupent en parties proportionnelles les côtés D A, D B du triangle A D B. Elles sont par conséquent parallèles à A B. Il en est de même des lignes *a i*, *b h*, *c g*, par

rapport au côté A C. Il résulte de là que si
on laboure en commençant au point D toujours parallèlement aux lignes qui joignent
les points de division, le dernier trait de
charrue longera exactement les deux côtés
A C, AB du champ. On peut, en faisant la
même construction, labourer le triangle en
refendant. Il suffira pour cela de commencer le labour sur les côtés A B, AC et de finir
au point D.

Pour labourer un champ rectangulaire,
ou parallélogrammique, il faut, comme pour
le triangle, mener les bisectrices des angles

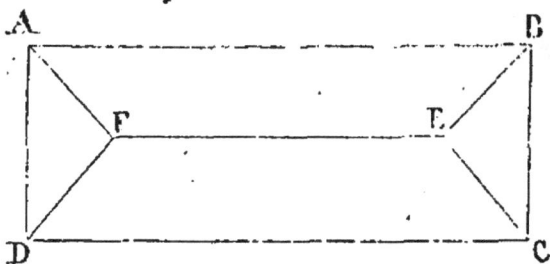

Fig. 80. — Labour à plat d'un champ rectangulaire.

qui se rencontrent deux à deux en E et F
(fig. 80). A cause des propriétés des bisectrices, les points E et F sont à égale distance
des côtés A B et DC. La ligne F E est par
conséquent parallèle aux côtés AB, DC et
également distante de chacun de ces deux
côtés. Il résulte de là que si on laboure en
tournant autour de la ligne EF, et toujours
parallèlement aux quatre côtés du quadrilatère, la limite de la surface labourée sera
toujours à égale distance de chacun des
quatre côtés du champ et le dernier trait
de charrue les atteindra tous à la fois.

Ici, comme pour le triangle, on doit, préalablement au labour, tracer avec la charrue les lignes AF, FD, EF, EB, EC.

Le labour d'un champ trapézoïdal s'exécute de la même manière que celui d'un champ rectangulaire ou parallélogrammique, lorsque la somme de ses deux côtés parallèles est plus grande que la somme des deux autres côtés. Dans le cas contraire on suit la méthode suivante qui est également applicable à un quadrilatère irrégulier quelconque ABCD (fig. 81).

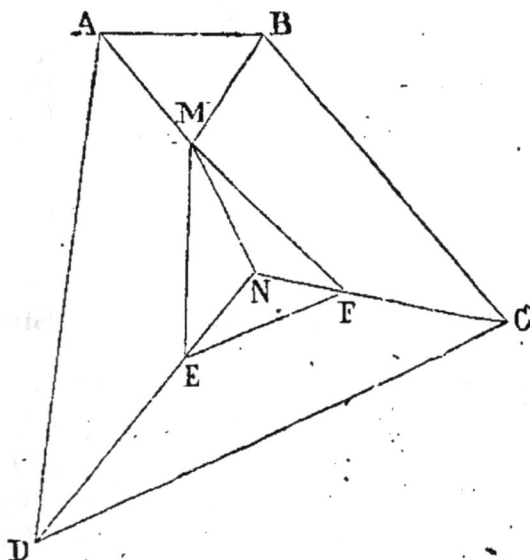

Fig. 81. — Labour à plat d'un champ présentant une forme trapézoïdale.

On mène d'abord les bisectrices des deux angles adjacents au plus petit côté AB, et on les prolonge, jusqu'à leur rencontre en M. On agit de la même manière pour les deux angles adjacents au côté opposé, et l'on joint les points MN. Du point M on mène deux parallèles, l'une à AD, et l'autre à BC. On prolonge ces parallèles jusqu'à leur rencontre avec les bisectrices DN, CN, puis on tire EF qui doit être parallèle au côté DC. En effet les points E et F appartenant à la fois aux parallèles ME, MF et aux bisectrices NC, ND, sont à égale distance du côté DC, et la ligne EF lui est par conséquent parallèle.

Les distances des trois côtés du triangle MEF aux trois côtés correspondants du quadilatère sont égales entre elles et à la distance du sommet M du même triangle au quatrième côté du même quadrilatère. En conséquence, si après avoir labouré conformément à la méthode déjà décrite, le triangle MEF, on laboure à l'extérieur de ce triangle, et parallèlement aux quatre côtés du quadrilatère en changeant de direction toujours à la rencontre des bisectrices; si, de plus, le laboureur sait maintenir le parallélisme de ses raies avec le périmètre du champ, la dernière raie de labour atteindra simultanément les quatre côtés qui délimitent la pièce de terre.

Le labourage d'un champ quelconque ayant plus de quatre côtés rentre, à peu de chose près, dans le cas que nous venons d'examiner. Il s'agit de réduire un à un les côtés du polygone en choisissant toujours le plus petit, jusqu'à ce que l'on soit arrivé au triangle.

Voici la méthode à suivre :

Supposons que le champ soit un hexagone

irrégulier (fig. 82). On choisit le plus petit
côté AF, on mène les bisectrices des deux
angles qui lui sont adjacents, et on les prolonge jusqu'à leur rencontre en M. De ce
point, on tire une parallèle au côté FE que
l'on prolonge jusqu'en R où elle rencontre
la bisectrice de l'angle E. Du point K on
tire également une parallèle au côté ED que

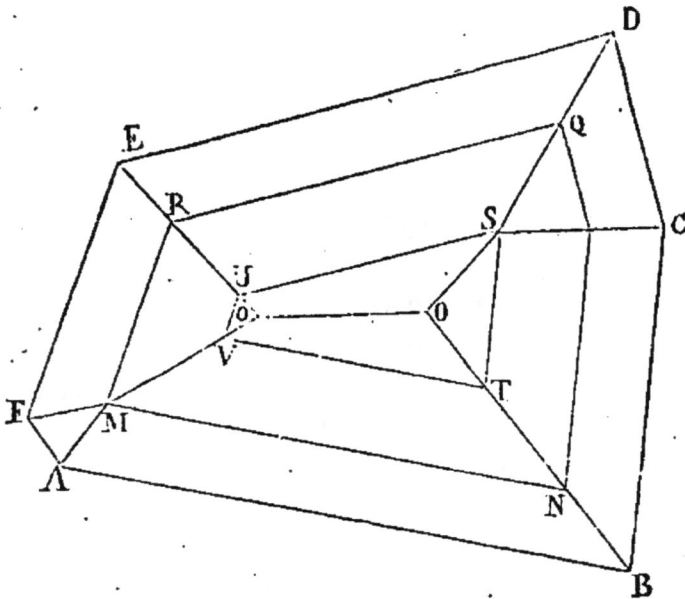

Fig. 82. — Labour à plat d'un champ de forme quelconque.

l'on prolonge jusqu'à sa rencontre avec la
bisectrice de l'angle D. On tire de la même
manière les parallèles QP, PN, et l'on joint
NM qui doit être parallèle au côté AB[1]. La
figure résultant de cette construction n'a
que cinq côtés tous parallèles aux côtés cor-

1. Il serait aisé de démontrer, en effet, que les points
N et M sont à égale distance du côté AB, et que par
conséquent la droite NM est parallèle à ce côté.

respondants du champ donné, et à égale distance de ces mêmes côtés.

. En opérant sur le pentagone de la même
manière que sur l'hexagone, on obtiendra un
quadrilatère qu'on labourera d'après les
méthodes connues. Après avoir labouré ce
quadrilatère, on continuera de labourer en
tournant autour de ses côtés, et parallèlement aux côtés du pentagone, en ayant soin
de changer de direction chaque fois que
l'on rencontrera une bisectrice. Les limites
du pentagone étant atteintes, on continue
de labourer en tournant autour de son périmètre, et parallèlement à celui de l'hexagone, jusqu'à la fin du labour.

L'enrayure ou le tracé du labour au
moyen de la charrue, s'obtiendra en condui-
sant l'instrument dans l'ordre suivant :
AMoOB, BOSD, DSC, CSOoE, EoMF,
FMA. Dans ces sortes de labours il peut se
présenter trois cas particuliers que nous devons signaler :

1° Le polygone peut être régulier. Dans
ce cas, toutes les bisectrices se rencontrent
au même point, et c'est en ce point que l'on
commence le labour. On tourne autour du
centre et parallèlement au périmètre jusqu'à
la limite du champ.

2° Il peut arriver que les bisectrices de
deux angles adjacents à un côté se rencontrent à égale distance de la limite du champ
que les bisectrices des deux angles adjacents
à un autre côté. Ce cas particulier simplifie
l'opération, puisque l'on peut éliminer à la
fois les deux côtés qui donnent ce résultat.

3° La figure peut avoir des angles rentrants. Dans ce cas, on est forcé de partager
le champ en deux parties, soit en prolongeant
un des côtés de l'angle rentrant, soit en menant du sommet de cet angle une sécante
jusqu'à la rencontre de l'un des côtés du polygone.

B. — Le labour en dehors dont nous allons
nous occuper est aussi simple que le labour
en dedans. Le tracé est absolument le
même; mais tandis que les labours en dedans
se font en commençant au centre et en
agrandissant toujours le périmètre de la partie labourée, un labour en dehors, au contraire, a lieu en attaquant le champ sur les
bords vers lesquels on rejette toujours la
terre, et en changeant de direction toutes
les fois que l'on rencontre une bisectrice, de
manière à finir au centre du champ [1].

Il est aisé de voir que le labourage en
dehors force les animaux au bout de chaque
raie à marcher sur le terrain travaillé. C'est
un faible inconvénient si la terre est légère,
sèche, et que le labour ne soit pas le dernier
que l'on doit donner; mais c'en est un
grave, si la terre est argileuse et mouillée.
Dans ce cas, on est forcé de laisser des fourrières et de suivre la méthode suivante :

Soit le champ ABCD (fig. 83). On tire les

---

1. Dans ce labour, il n'est pas nécessaire de tracer
les bisectrices au moyen de deux traits de charrue, un
seul suffit, puisque l'instrument peut atteindre sans
inconvénient toutes les parties du champ. Il restera,
suivant ces bisectrices, une raie ouverte qui pourra
servir de tracé et d'enrayure pour le labour suivant.

bisectrices OA, OD, O'C, O'B, ainsi que la
médiane OO'. On commence le labour sur
le périmètre du champ en allant de A vers B,
et au lieu de s'arrêter à la bisectrice BO', on
s'arrête à la ligne HG qui lui est parallèle
et à une distance d'environ deux mètres. On
fait tourner les chevaux un peu à gauche,
on marche sans labourer jusqu'à la ligne IQ
qui est aussi parallèle à O'B et à deux mètres environ de distance. On continue de la

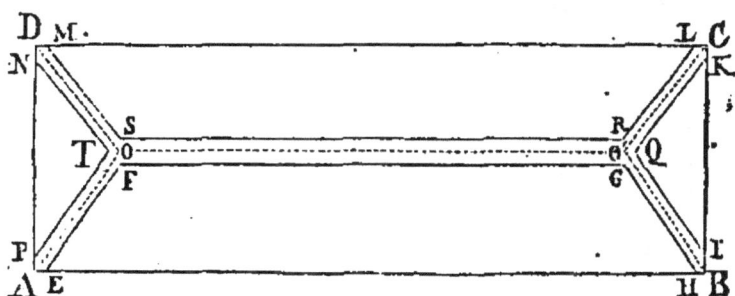

Fig. 83. — Labour à plat par la méthode dite en dehors.

même manière jusqu'aux droites SR, FG,
qui sont la limite intérieure du champ. On
laboure ensuite le système de planches inté-
rieures qui auront servi de fourrières. Ce
travail aura lieu en refendant et en suivant
la marche que voici, pour que la charrue
puisse l'exécuter d'un mouvement continu :
On commence en I, on va de I en Q et de
Q en K en labourant. De K on passe en L
sans labourer. On va en labourant dans la
direction de LRSM et de là en N sans labourer ; puis de N en P, en passant par le
point T ; de P en E sans labourer et de E
en H en passant par FG, et ainsi de suite
jusqu'à la fin du labour qui aura lieu par

une dérayure sur les bisectrices et la ligne médiane.

Rapidité dans l'exécution ; uniformité et régularité dans la surface du champ après le travail, voilà les avantages du labour à plat et particulièrement du labour Fellemberg. Il doit être adopté toutes les fois qu'il est possible de le faire, mais hâtons-nous de dire qu'il est quelques circonstances où il ne saurait être employé avec avantage. Ainsi, d'après la manière même dont le labour Fellemberg est exécuté, on voit qu'il ne peut donner un travail régulier et bien fait que dans les terres à surface régulière et sans pente, ou ayant une pente très-douce. Sans cette condition. la terre serait renversée tantôt de haut en bas, et tantôt de bas en haut, et le labour serait nécessairement défectueux.

Les terres imperméables sur lesquelles les cultivateurs font avec raison des labours en planches étroites, doivent être considérées comme impropres à recevoir les labours à plat. Certes, l'on peut faire sur un champ labouré suivant ce système toutes les rigoles que l'on désire ; on peut tracer ces rigoles droites ou sinueuses, parallèles ou convergentes, selon le relief du terrain, rares ou nombreuses, suivant les nécessités, mais elles n'empêcheront pas les eaux de croupir à la surface, puisque loin d'être bombées et de présenter une inclinaison, les planches [1] offrent sur leurs bords un bourrelet de terre

---

1. Nous donnons ici le nom de *planche* à la surface comprise entre deux rigoles d'assainissement.

provenant des rigoles qui ont pour but de les assainir.

Il existe des champs dont la surface parfaitement horizontale, quelquefois même déprimée au milieu, s'oppose complétement à l'égouttement des eaux. Le labour Fellemberg peut, dans une circonstance analogue, rendre de grands services en modifiant d'une manière heureuse le relief du terrain. On peut en effet, en labourant toujours en dedans, élever le centre et abaisser le périmètre, de manière à créer une pente du point central à la circonférence, pour l'écoulement des eaux.

CHAPITRE XII

Quantité de labour exécutable en un temps donné.

Nous nous rappelons malgré nous, en écrivant ces lignes, une polémique beaucoup trop longue dont cette question a été l'objet, il y a quelque temps, dans les colonnes du *Journal d'Agriculture pratique*. Malgré la bonne foi des deux auteurs, la lumière n'a pas jailli de la discussion et les lecteurs ont passé à l'ordre du jour, sans faire connaître leurs préférences. C'est qu'en effet il n'existe pas de problème dont les données soient aussi variables et aussi nombreuses que celles qui doivent servir à la détermination de la quantité de labour que l'on peut exécuter en une journée de travail, et il est dès lors tout naturel que l'on discute longtemps sans se convaincre, lorsque l'on apporte dans la discussion des faits, sans y apporter également les éléments qui leur ont donné naissance. Sans doute, l'honorabilité de la personne qui affirme un fait est suffisante pour donner à celui-ci un caractère de certitude; mais cela est vrai seulement pour des faits d'un certain ordre et nullement pour ceux qui résultent d'une

9.

série d'opérations ou d'observations, dans lesquelles le plus honorable peut se tromper.

Quoi qu'il en soit, il n'y a pas plusieurs manières d'arriver à déterminer la quantité de labour que l'on peut exécuter en un temps donné. Il n'y en a qu'une, qui consiste à multiplier le chemin que l'attelage peut parcourir en labourant, par la largeur de la bande de terre que la charrue détache. Resserré dans ces limites, le problème à résoudre se trouve simplifié, et l'on n'a plus à considérer, pour trouver le labour exécuté en un temps donné, que trois éléments : 1° la vitesse des animaux; 2° la largeur de la bande de terre; 3° enfin, la longueur du rayage. Nous pouvons donc dresser le tableau suivant au moyen duquel, ces trois éléments étant connus, nous trouverons le labour exécuté en une heure de travail effectif.

ibleau servant à la détermination de la surface que l'on peut labourer en une heure de travail effectif en connaissant la longueur du rayage, la largeur de la bande de terre et la vitesse de l'attelage.

ONGUEUR du rayage.	LARGEUR de la bande de terre.	VITESSE DES ATTELAGES PAR MINUTE.										CHEMIN parcouru pour faire 1 hectare.
		21 mètres.	24 mètres.	27 mètres.	30 mètres.	33 mètres.	36 mètres.	39 mètres.	42 mètres.	45 mètres.	48 mètres.	
		Ares. c.	Ares. c.	Ares. c.	Ares. c.	Ares. c.	Ares. c.	Ares. c.	Ares. c.	Ares. c.	Ares. c.	Kilom.
100 mèt.	0.24	2.35	2.69	3.03	3.36	3.70	4.04	4.38	4.71	5.05	5.39	41
	0.27	2.65	3.03	3.41	3.79	4.16	4.54	4.92	5.30	5.68	6.06	37
	0.30	2.94	3.36	3.79	4.21	4.63	5.05	5.47	5.89	6.31	6.73	33
	0.33	3.24	3.70	4.16	4.63	5.09	5.55	6.02	6.48	6.94	7.41	30
	0.36	3.53	4.04	4.54	5.05	5.55	6.06	6.57	7.07	7.58	8.08	27
200 mèt.	0.24	2.50	2.86	3.22	3.58	3.94	4.30	4.66	5.01	5.37	5.73	41
	0.27	2.82	3.22	3.63	4.03	4.43	4.84	5.24	5.64	6.05	6.45	37
	0.30	3.13	3.58	4.03	4.48	4.93	5.37	5.82	6.27	6.72	7.17	33
	0.33	3.45	3.94	4.43	4.93	5.42	5.91	6.40	6.90	7.39	7.88	30
	0.36	3.76	4.30	4.83	5.37	5.91	6.45	6.99	7.52	8.06	8.60	27
300 mèt.	0.24	2.55	2.92	3.28	3.65	4.02	4.38	4.75	5.11	5.48	5.84	41
	0.27	2.87	3.28	3.70	4.11	4.52	4.93	5.34	5.75	6.16	6.57	37
	0.30	3.19	3.65	4.11	4.56	5.02	5.48	5.93	6.39	6.85	7.30	33
	0.33	3.51	4.02	4.52	5.02	5.52	6.03	6.53	6.95	7.53	8.04	30
	0.36	3.83	4.38	4.93	5.48	6.03	6.57	7.12	7.67	8.22	8.77	27
500 mèt.	0.24	2.60	2.97	3.34	3.71	4.08	4.45	4.82	5.20	5.57	5.94	41
	0.27	2.92	3.34	3.76	4.17	4.59	5.01	5.43	5.85	6.26	6.68	37
	0.30	3.25	3.71	4.17	4.64	5.10	5.57	6.03	6.50	6.96	7.43	33
	0.33	3.57	4.08	4.59	5.10	5.61	6.13	6.64	7.15	7.66	8.17	30
	0.36	3.89	4.45	5.01	5.57	6.13	6.68	7.24	7.80	8.35	8.91	27

Nous allons donner immédiatement la manière de se servir de ce tableau, et nous ferons ensuite les observations de détail nécessaires pour compléter l'intelligence du sujet.

Étant donnés, par exemple, le rayage de 200 mètres, la largeur de la bande de terre de $0^m.30$ et la vitesse de 33 mètres par minute, il s'agit de trouver le labour exécuté.

On cherche la longueur du rayage dans la première colonne verticale (200); on cherche ensuite sous l'accolade et dans la colonne voisine, le nombre 0.30 représentant la largeur de la bande, et l'on marche dans la colonne à droite, en face de ce nombre, jusqu'au moment où l'on arrive dans la colonne qui porte en tête le nombre 33 mètres qui représente la vitesse. Le nombre $4^a.93$ sur lequel on s'est arrêté, ou, en d'autres termes, celui qui est en même temps en face de la vitesse et de la largeur de la bande, représente le labour exécuté en une heure de travail effectif; en le multipliant par le nombre d'heures de travail on aura le labour de la journée.

Si l'une des trois données nécessaires pour déterminer le labour ne se trouve pas dans le tableau, on peut, sans crainte de se tromper beaucoup, prendre celle qui s'en rapproche le plus. On peut aussi prendre la moyenne fournie par les deux nombres entre lesquels est compris le nombre exact.

Ainsi, dans l'exemple précédent, si au lieu d'avoir 33 mètres de vitesse nous avions 31, nous pourrions prendre le labour correspondant à 30 mètres et à 33, c'est-à-dire 4ª.48 et 4ª.93, et prendre ensuite la moyenne qui est de

$$\frac{4.48 + 4.93}{2} = 4ª.70.$$

La même observation doit être faite pour la largeur de la bande de terre et la longueur du rayage. On remarquera que l'influence de cette dernière diminue très-rapidement, au point que l'on peut la considérer comme nulle lorsqu'elle dépasse 500 mètres. Nous l'avons, du reste, fait remarquer ailleurs. On pourra donc, pour toutes les longueurs de rayage supérieures à 500 mètres, prendre le labour fourni par les chiffres correspondant à ce dernier nombre.

Observations générales.

Lorsque l'on détermine la quantité de labour que l'on peut faire en suivant la méthode dont nous venons de parler, on trouve toujours un résultat plus grand que le labour réellement exécuté; il y a une différence, en un mot, entre le travail *exécuté* et le travail *calculé;* cette différence est comme 88 : 100. Nous avons corrigé nous-même, dans ce sens, tous les chiffres du tableau, de manière à simplifier, autant que possible, le travail de ceux qui croiront devoir s'en servir.

Un mot maintenant sur la manière de déterminer la longueur du rayage, la largeur de la bande de terre et la vitesse des animaux.

Longueur du rayage.

L'influence de cette donnée n'est pas assez forte pour qu'il soit nécessaire de la déterminer avec une grande exactitude. Il suffit de l'avoir à 50 mètres près pour être sûr de ne pas commettre une erreur sensible. On remarquera même que nous n'avons pas placé dans le tableau le rayage de 400 mètres. C'est qu'en effet, après avoir cherché les chiffres qui s'y rapportent, nous avons trouvé qu'ils ne diffèrent que par des quantités insignifiantes avec ceux qui correspondent aux rayages de 300 et de 500 mètres.

Largeur des bandes de terre.

Toutes les bandes de terre que l'on fait pour labourer une planche ne sont pas égales. Il en est, les deux premières, par exemple, qui ont souvent une largeur de 0ᵐ.40, 0ᵐ.50, 0ᵐ.60 même; d'autres, au contraire, qui ont une largeur très-faible. Ce sont, en général, celles qui terminent une planche de labour. Il est donc indispensable, pour éviter toutes causes d'erreur, de prendre la largeur d'une planche et de la diviser par le nombre de raies qu'il sera nécessaire de faire pour la labourer complétement, pour avoir la largeur de la bande de terre. La raie que l'on fait pour enlever le *frayon* doit être également comptée.

Vitesse des animaux.

Dans toutes les exploitations on a besoin de connaître à tout moment les dimensions des champs pour une foule d'opérations qui se présentent chaque jour. Le cultivateur fera donc bien de noter ces dimensions, une fois pour toutes, et de consigner particulièrement, sur son calepin, la longueur des rayages des divers champs. Le rayage étant connu, il suffit, pour avoir la vitesse des animaux, de le diviser par le temps qu'ils mettent à le parcourir. Ainsi, si le rayage est de 288 mètres et que les animaux mettent 8 minutes pour le parcourir, la vitesse, par minute, sera de $\frac{288}{8} = 36$ mètres.

Rien n'est plus variable que la vitesse d'un attelage à la charrue. Elle varie suivant la difficulté du travail, suivant la force et l'espèce d'animaux employés au labour. A la Saulsaie, où l'on a de bons chevaux anglo-percherons et de bons bœufs charolais, les premiers travaillent avec une vitesse moyenne de 0^m.74 par seconde pour les labours de semailles ou les derniers labours de jachère, et les seconds, avec une vitesse de 0^m.64 dans les mêmes circonstances. I. est à remarquer qu'à mesure que le travail devient difficile, la vitesse des chevaux diminue plus vite que celle des bœufs, au point que la différence en est presque nulle lorsque le travail est assez difficile pour que la vitesse des chevaux ne dépasse pas 0^m.60.

Le rapport qui résulte des chiffres que nous venons de donner ($:: 100 : 86$) entre le travail des chevaux et celui des bœufs, n'est pas celui que l'on admet généralement; mais ce sont les faits qui le donnent, et nul-

lement une appréciation personnelle suscep-
tible d'être corrigée. Il est probable qu'il en
serait de même ailleurs, si les bœufs
étaient mieux partagés sous le rapport de la
nourriture.

CHAPITRE XIII

Charrue à avant-train. — Attelage au joug.

Rien n'est plus facile à conduire qu'une charrue à avant-train ; avec elle, les efforts de l'homme sont presque inutiles, mais les animaux souffrent des aises que prend le laboureur. « En voyant marcher la charrue Granger, dit M. Auguste de Gasparin, savez-vous ce qui m'a réjoui ? C'est de voir le laboureur droit et la tête haute, croisant ses bras et fumant sa pipe, suivre le sillon que traçait la machine ; il était grandi d'un pied, d'abord parce qu'il n'était pas courbé sur les mancherons, ensuite parce qu'il sentait qu'il y avait là un affranchissement, et que rien ne relève comme cette pensée. » Pour nous, nous devons considérer surtout l'effet matériel de l'instrument, et mesurer le degré d'affranchissement dont il peut gratifier l'homme, par l'économie des forces qu'il permet pour exécuter le travail qui lui est demandé. Or, cette économie est négative quand on compare la charrue Granger et la charrue à avant-train en général, avec l'araire ou charrue simple.

La charrue à avant-train, en effet, est toujours réglée de telle sorte qu'elle aurait trop de profondeur si la pression des roues sur le sol ne mettait obstacle à sa pénétration. De plus le frottement des roues dans la raie et sur le guéret ne lui permet pas de se déplacer facilement de gauche à droite et réciproquement.

Voilà donc une série de forces qui entourent pour ainsi dire la charrue et l'empêchent de sortir de sa direction. Sans doute, au point de vue du règlement de la charrue et des aises du laboureur, ces circonstances sont favorables, mais malheureusement, toutes ces forces sont produites par les animaux et diminuent d'autant la force effective. Il n'y a pas d'effet sans cause, ni de résultat mécanique sans force produite.

Il est un autre point qu'il faut considérer, si l'on veut encore avoir une idée juste de la différence qui existe entre la charrue simple et la charrue à avant-train, au point de vue de la force employée pour l'exécution du labour.

La charrue simple, jouissant d'une grande liberté, glisse pour ainsi dire sur les obstacles qu'elle rencontre, ou les évite par une déviation presque imperceptible que le laboureur attentif lui fait subir de gauche à droite, ou de haut en bas. Avec la charrue à avant-train, au contraire, cette action de l'homme, encore plus intelligente que matérielle, est impossible.

Tous les obstacles rencontrés par la charrue sont vaincus par les efforts des animaux, au lieu d'être évités par les soins vigilants du laboureur. Que l'on nous permette de prendre un exemple.

Une charrue rencontre une pierre d'une faible grosseur ; si cette charrue n'a ni avant-train, ni support, un mouvement du laboureur sur les mancherons fera passer la pierre au-dessus ou au-dessous, à gauche ou à droite de l'instrument; si c'est une charrue à avant-train, l'action du laboureur sera nulle et il n'aura, suivant l'expression de M. A. de Gasparin, qu'à se croiser les bras et à marcher la tête haute en fumant sa pipe, en attendant que les animaux tracent péniblement le sillon qu'il suit.

Pour diminuer autant que possible la force perdue par le fait de la présence de l'avant-train, on règle la charrue de manière que les roues ne touchent le sol que très-légèrement. La pression étant alors considérablement réduite, il y a moins de frottement et par conséquent moins de force à vaincre.

Ce règlement se fait par des mécanismes divers, mais toujours en faisant monter plus ou moins l'age de la charrue au-dessus de l'essieu, quand il s'agit de la profondeur, et en le faisant passer à gauche ou à droite, quand il s'agit de la largeur de la bande de labour.

Relativement à l'action de l'homme sur les mancherons de cette charrue, elle diffère essentiellement de celle qu'il exerce sur la charrue ordinaire. Dans la première, en effet, si l'on soulève les mancherons, l'instrument prend un point d'appui sur l'avant-train, le corps de la charrue se trouve soulevé, et la profondeur devient moins grande. Si l'on appuie, au contraire, sur les mancherons, comme il est impossible de soulever la partie antérieure de la charrue, tant à cause du poids de l'avant-train, que de la pression de la ligne de tirage, on ne fera qu'ajouter un poids de plus à la charrue, et on augmentera d'autant la profondeur. On sait que les mêmes causes produisent dans la charrue simple des résultats inverses.

Attelage au joug. — La description du bœuf comme animal de travail, et par conséquent la convenance qu'il peut y avoir à l'atteler au joug plutôt qu'au collier, ne saurait trouver ici sa place. Nous renvoyons nos lecteurs à un Mémoire complet que M. Gayot a publié sur ce sujet en 1847, dans l'*Agriculture de l'Ouest*. Ce travail, dont les conclusions sont conformes à nos observations, donne au joug simple l'avantage sur le collier, et à celui-ci un léger avantage sur le joug double.

Le joug simple, en effet, laisse aux animaux autant de liberté que s'ils étaient attelés au collier, tout en leur permettant de tirer par la tête, c'est-à-dire par la partie qui présente aux harnais la surface d'appui la plus forte et la plus développée, en même temps que des points d'attache qui rendent le harnachement aussi économique que solide.

Lorsque les bœufs sont harnachés avec le

joug double, l'attelage de la charrue se fait d'une manière très-simple.

La chaîne de tirage se termine antérieurement par une tige en bois de 1 mètre ou 1^m.50 de longueur. Cette tige pénètre par son extrémité dans un anneau en fer ou en cuir fixé, la plupart du temps, au milieu du joug sur un autre anneau. Une cheville fixe à l'anneau en question la tige en bois et l'empêche de glisser au moment du tirage.

Le joug simple porte de chaque côté de la tête un prolongement muni d'un anneau où viennent s'attacher les traits de l'animal, de la même manière que sur un palonnier. Quoique l'on ne prenne pas habituellement cette précaution, il est bon cependant, dans l'attelage au joug simple, de mettre une sangle aux bœufs pour y attacher, de chaque côté les traits, et les empêcher de tomber sous leurs pieds, ou de passer par-dessus leur dos au moment des tournées. Il faut, nonobstant, laisser aux traits assez de latitude, les attacher assez longs, en un mot, pour leur permettre de se mettre en ligne droite, soit que les bœufs lèvent ou abaissent la tête. Enfin, on rend les bœufs solidaires ou dépendants l'un de l'autre, au moyen d'une longe qui s'attache par ses deux extrémités, aux muserolles, ou bien encore à deux anneaux en fer qui se trouvent au milieu du joug.

Le règlement de la charrue avec des animaux attelés au joug, se fait de la même manière que lorsque ces animaux sont attelés au collier. Seulement, le laboureur doit être plus attentif, surtout s'il a des animaux mal dressés ou vicieux, baissant et relevant successivement la tête, augmentant et diminuant par conséquent la profondeur du labour.

Cette mobilité du point d'attache des traits est donc la seule circonstance qui établit une différence, au point de vue du règlement, entre l'attelage au joug et l'attelage au collier. Avec des animaux bien dressés, faisant un labour qui n'est pas au-dessus de leurs forces, le travail s'exécute aussi régulièrement que si les animaux étaient attelés au collier; mais lorsque le labour est pénible, les animaux lèvent la tête et hâtent le pas, pour faire sortir la charrue dè terre; d'autres, au contraire, dont l'unique préoccupation est de vaincre l'obstacle qu'ils rencontrent, baissent la tête pour rapprocher du sol le centre de gravité et avoir par conséquent plus de force. Dans l'un comme dans l'autre cas, le laboureur doit surveiller de près tous les mouvements de ses animaux, pour en contre-balancer les effets en agissant sur les mancherons de la charrue.

On a reproché au joug d'augmenter la lenteur naturelle des bœufs. Cette observation s'adresse surtout au joug double, avec lequel les animaux sont tenus dans un état de gêne et de dépendance, qui les empêche de développer toutes leurs facultés déjà très-limitées sous ce rapport. Quant au joug simple, nous devons reconnaître que la vitesse des bœufs n'est pas aussi grande avec lui que lorsqu'ils sont attelés au collier;

mais assurément cette différence est insi-
gnifiante. Nous devons toutefois faire une
réserve, c'est lorsque les animaux travaillent
dans les terrains pierreux. Dans ce cas, les
chocs et les secousses que les bœufs re-
çoivent constamment sur la tête, les rendent
timides et les amènent insensiblement à
une démarche très-lente.

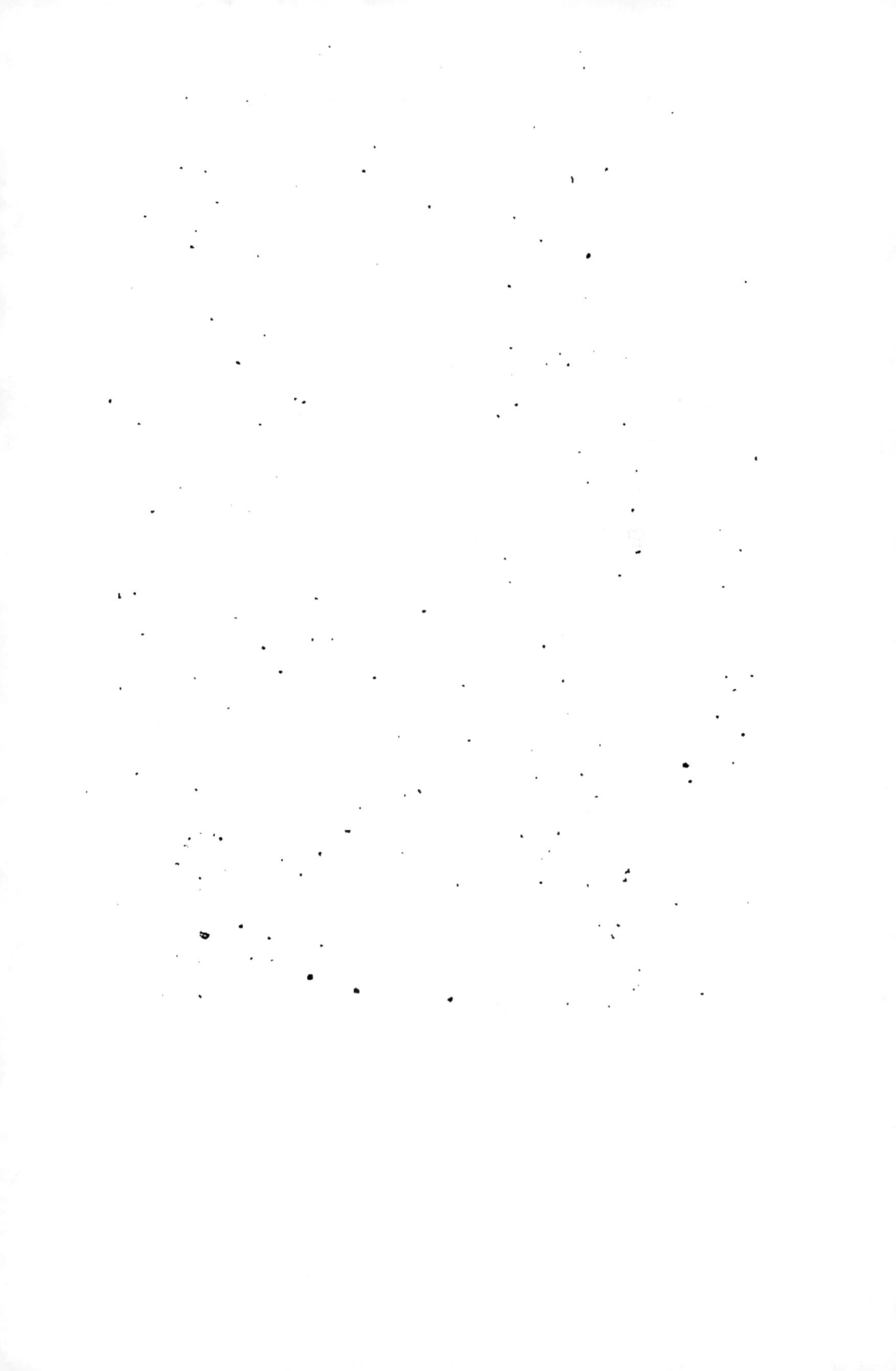

TABLE DES MATIÈRES

CHAPITRE IV

CHAPITRE V

CHAPITRE VI

TABLE DES GRAVURES

FIN.

Imprimerie de Ch. Lahure et Cie, rue de Fleurus, 9.

www.ingramcontent.com/pod-product-compliance
Lightning Source LLC
Chambersburg PA
CBHW050104210326
41519CB00015BA/3822